JN002116

テレワークの切り札！ Office 365 Teams 即効活用ガイド

著 岩元直久
監修 天野貴之［プロトレ］

日経BP

- マイクロソフトはOffice 365の一部のバージョンの名称をMicrosoft 365に変更しました。
- Microsoft Teamsは利用者の利便性を高めたり、最新のセキュリティに対応したりするために、頻繁にアップデートされます。本書の内容や画面は、執筆時点のものであり、今後変更される場合があります。
- Microsoft Teamsはパソコンやスマートフォン（スマホ）などデバイスを選ばずに利用できますが、特にスマホでは機種により本書で紹介した操作画面などと若干異なる場合があります。
- 本書第3章～第7章のTeamsの利用手順記事は、「日経パソコン」2020年1月～3月の連載「Teamsで働き方を変える」（全6回、文：田中雄二）を参考に構成しました。

はじめに

ビジネスを取り巻く環境が大きく変化する中、働き方改革の必然性が一段と高まっています。ICTを活用してこれまでの仕事を効率化することだけでなく、場所を問わずに業務を遂行できるテレワーク（リモートワーク）への対応により仕事の仕方を変えていくことも求められています。仕事の仕方そのものを変革するときにも、最先端のICTは大きな力になるでしょう。

こうした中で、働き方改革を支えるコミュニケーションツールとしてマイクロソフトの「Microsoft Teams」（以下、Teams）が全世界で注目されています。Teamsは、チャットやメッセージをリアルタイムでやり取りできる機能を中核にしながら、ファイル共有やビデオ会議などの多様なコミュニケーションを実現し、さらにOffice 365が提供するアプリやサービスと深く連携したビジネスの使い勝手を提供します。もちろん、パソコンだけでなく、スマートフォンやタブレットでも同様に使えますし、Windowsやmac OS、Android、iOSといったOSの違いも意識せずにコミュニケーションが可能です。

2017年3月に提供が始まってからまだ歴史の浅いTeamsは、知名度も導入件数も他のOfficeアプリなどと比べたら低いでしょう。しかし、働き方改革を具体化し、テレワークも同時に自社の働き方の仕組みに採り入れようとするとき、実現のための有力なツールになります。

本書では、Teamsとは何かから始まり、実際の利用の手順の解説、ビジネスや教育現場での活用事例まで、Teamsの全容を知るための情報を集めました。Teamsを活用し、ビジネスの成長や働き方の変化につなげていただくきっかけになれば幸いです。

ITジャーナリスト・ライター　岩元 直久

Contents ●目次

第1章

Microsoft Teamsで働き方を変える

- Teamsで何ができるか
- いろいろなデバイスで使える
- Teamsでコミュニケーションを変える

●Microsoftの公式動画（Teams使い方マニュアル）
『00-00 Microsoft Teams とは』
https://youtu.be/lmNfZk53zSI

チームワークを実現する Microsoft Teams

仕事をしていると、日常的にさまざまな「チーム」で共同して働くことが多い。部や課といったセクション、長期から短期まで多様なプロジェクトでチームワークが必要になることは多いし、社内外を横断するプロジェクトも少なくない。

そうしたチームワークを円滑に進めるためのシーンとして、複数の部署のメンバーを集めて会議を開催するときのことを考えてみよう。やることはたくさんある。

まず出席が必要なメンバーをピックアップし、個々のメンバーのスケジュールと会議室の空き状況を擦り合わせる調整で時間がかかる。参加が求められるメンバーには、スケジュール調整のためのメールを送るのが一般的だろうが、返信が来ない場合には相手がメールを読んだかどうかすら分からない。その上、調整役の自分の側でメールを見落とすなんてことも起こり得る（**図1**）。

さらに、スケジュールが確定したら、会議の開催のメールを送信し、必要な資料を参加者の分だけ印刷する手間もある。当日にはメンバーが三々五々、会議室にやって来る。同じオフィス内でも移動には時間がかかるし、拠点が離れていたら会議のための移動時間が非効率に感じられることもあるだろう。会議が終わったあとに、議事録案を作ってメンバーに確認を求め、了承が得られたらようやく議事録を発行できるといった手続きが必要な場合もある。

会議一つをとっても、これまでのビジネスのスタイルにはさまざまな改善の可能性がありそうだ。その基本にあるのは、チームワークのコミュニケーションをどのように改善するかということに尽きる。会議の例では、メンバーのスケジュー

困ったビジネスシーン

会議室の空きがない
メールの返信が来ない
キーマンが出張中
あのメールが見つからない
議事録を作る時間がない

ルが一覧でき、チャットベースの手軽なメッセージ交換で迅速に会話が進み、離れた場所とも通話やビデオ会議が簡単にできるコミュニケーションツールがあれば、非効率だった作業を格段に減らし、スムーズなコミュニケーションを実現できる。

この書籍で紹介するのは、そうしたチームワークのコミュニケーションを大きく変革するツール、マイクロソフトの「Microsoft Teams」(以下、Teams)だ。

Teamsはマイクロソフトが2017年3月に正式に提供を開始し、2020年3月で提供からちょうど3年がたった。マイクロソフトのアプリやサービスの中では、まだ「新人」の部類に入る。そのため、「存在そのものを知らなかった」人もいるし、「Office 365のアイコンで見たことはあるけれど、使ったことはない」人も多いだろう。

Teamsはその名の通り、チーム単位のコミュニケーションを徹底的に効率化できるようにするツールだ。チャットや通話、ビデオ会議、画面や資料の共有など、さまざまな機能を一つのツールでまとまって使えることが最大の特徴である。さらにマイクロソフトのOfficeやOffice 365のアプリ、サービスとも連携して利用できる。チームワークを変革する「Teams」の世界への扉を、ここから開いてみよう。

Teamsで悩み解決!

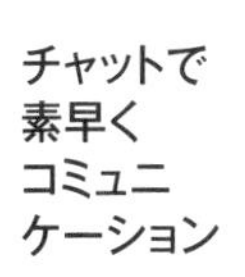

出張先から
ビデオ会議
に参加

遠隔地から
ホワイト
ボードに
手書きで
説明

皆で
編集して
仕事が
スムーズ

ほかにも便利な機能が充実

パソコンでも スマホでも 使える	資料を 保管・共有 できる	履歴を 議事録の ように使う	高い セキュリティ 環境	学校の授業や 課題管理 にも使える

図1 ビジネスパーソンは意思決定や議論、情報共有のための会議やメールに多くの時間を費やしている。その課題を決するコミュニケーションツールとしてTeamsが役立つ

Teamsで何ができる

Teamsはマイクロソフトが Office 365の中核と位置付けるアプリだ。Office 365はOffice ソフトをサブスクリプション形式で提供するだけでなく、ビジネスを効率的に進めるためのツールを集めたクラウドアプリ／サービスの集合体である。これらの中で、Teamsが中核と位置付けられているというのはどういうことだろう。

Office 365には多くのアプリやサービスがあり、既に国内外の企業が月額、年額で契約するサブスクリプション形式で導入している実績もある。Teamsは、その中でもOffice 365の多くのアプリやサービスをつなぐ「ハブ」としての位置付けを担っている（**図1**）。Teamsを起動すると、そこにはLINEなどのコミュニケーションツールで見慣れたチャットベースのコミュニケーションの画面が現れる。ただし、Teamsは単独のコミュニケーションツールではなく、Teams内でOffice 365が提供するアプリと連

Office 365の「ハブ」となるTeams

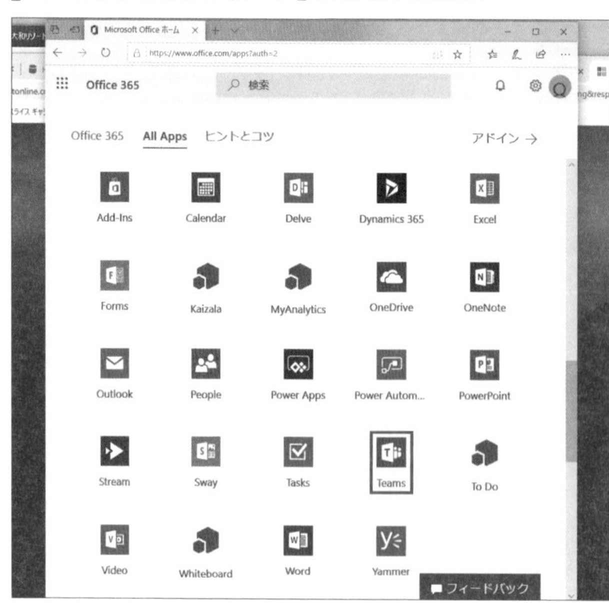

図1 Teamsは、WordやExcel、OneNoteなどと並ぶOffice 365のアプリの一つとして提供されているコミュニケーションツールだ

携して利用できる（**図2**）。

Teamsを利用するユーザーから見ると、コミュニケーションツールとしてのユーザーインタフェースを持ちながら、多様なOffice 365のアプリやサービスをTeamsの上から自在に操れることになる（**図3**）。Office 365はビジネスを効率化させるアプリやサービスの集合体で、ビジネスの多くはチームのコミュニケーションと密接に関係していることを考えると、Teamsがハブとなってさまざまな Office 365の機能を活用できることには大きなメリットがある。

それでは、Teamsが提供する具体的な機能の代表例をピックアップしていこう。

Teamsのコミュニケーションの基本は、「チーム」と「チャネル」というチームワークの構成メンバーを整理する仕組みにある（**図4**）。部署やプロジェクトなどでチーム／チャネルを整理し、その中でチャットベースのメッセージ交換がリアルタイムにスムー

図2　単独のコミュニケーションツールではなく、Office 365の他のアプリと連携して使えるところが魅力。WordやExcelなどのOffice文書をチームで共有したり、Teamsで開いて編集したりすることができる

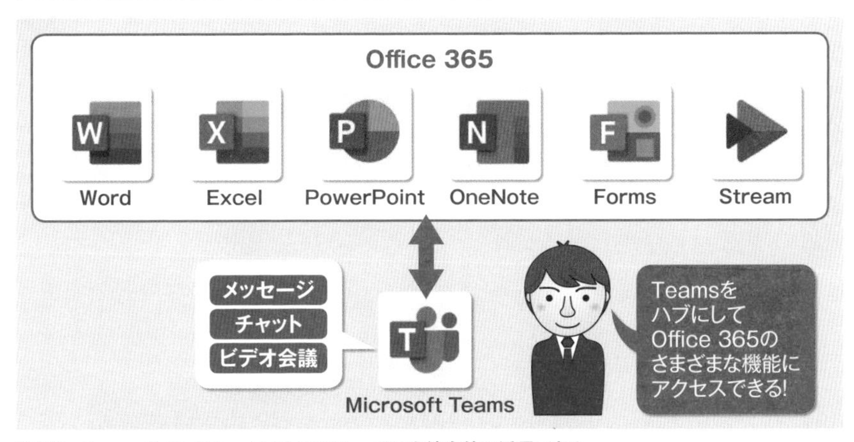

図3　Teamsをインタフェースとして Office 365を統合的に活用できる

ズに進められるような構成を取る（**図5**）。Teamsを利用しているメンバー間では、公式なチームやチャネルとは別に、プライベートで「チャット」を行うこともできる（**図6**）。遠隔地とのビジネスコミュニケーションに欠かせない、ビデオ会議やファイル共有などの機能もTeamsの中で一元的に提供されている（**図7**）。さらに、多様なアプリとの連携や、コミュニケーションしたい相手の状況を知るプレゼンスなどの機能も備わっている（**図8**）。

こうした機能を一元的に提供するTeamsは、チームで円滑にコミュニケーションを取りながら、ビジネスを効率的に、さらに生産性を高めて進めるためのコミュニケーションインフラになる可能性を秘めている。

チームとチャネルでコミュニケーション

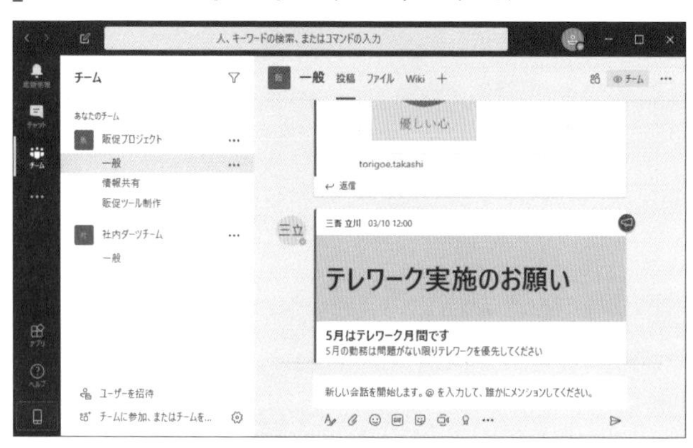

図4 Teamsを使ったコミュニケーションの基本が「チーム」と「チャネル」。チームで会話をする文化を身に付けよう

第3章へ (P.31)

メッセージのやり取り

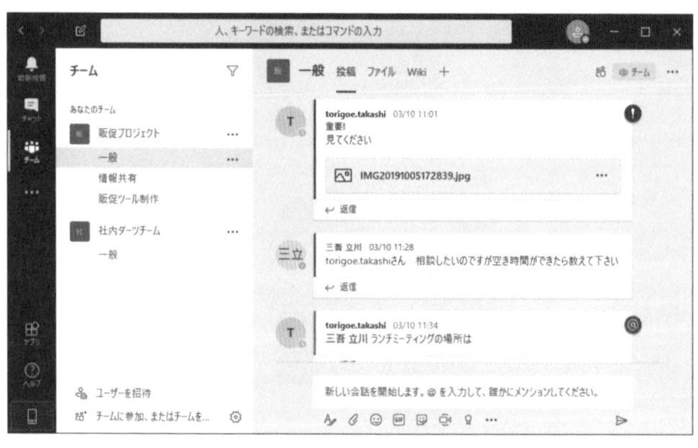

図5 チームやチャネルでメッセージをやり取りすることで、情報が自然と共有されて、仕事の効率がアップする

第4章へ (P.55)

チャット

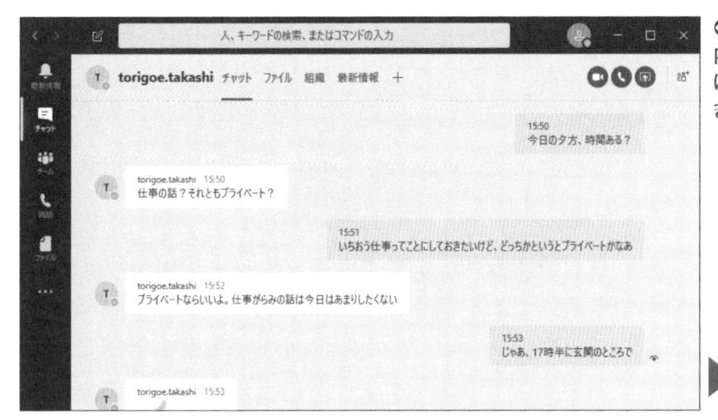

図6　1対1やグループ内で、日常的な会話を気軽に「チャット」で行うこともできる

第5章へ
(P.87)

ビデオ会議、ファイル共有

図7　一昔前ならば専用装置が必要だったビデオ会議も、自席のパソコンや手元のスマホから手軽に。ビジネスの効率がぐんとアップ

第6章へ
(P.101)

アプリ連携、プレゼンスなど豊富な機能

図8　Office 365のハブと位置付けられるTeamsだけあって、多様なアプリの連携が可能。コミュニケーションの助けになるプレゼンス機能も活用したい

第7章へ
(P.125)

いろいろなデバイスで動くTeams

チームワークを支え、コミュニケーションの質を変化させていくTeams。実際のビジネスで有効に利用できる理由の一つには、ハードウエア利用環境の制約が少ないことも挙げられる。

現代のビジネスは、オフィスのデスクトップパソコンの前にじっと座っているというスタイルから、もっと場所も時間も柔軟性の高いスタイルへと変化している。すなわち、パソコンは薄型軽量のモバイルパソコンになり、スマートフォン（スマホ）やタブレットも臨機応変に使い分ける必要が高まっている。Teamsは、「デスクトップクライアント」と名付けられたパソコン向けのTeamsアプリに加えて、「モバイルクライアント」と呼ぶスマホやタブレットで利用可能なアプリも提供している。オフィスではパソコンから、出先や自宅ではスマホやタブレットからというように、デバイスを選ばずチームワークに参加できる（**図1**）。

実際に**図2**に示した画面を見ると分かるように、パソコン向けのTeamsアプリでも、

場所や使い方の制約が少ないTeams

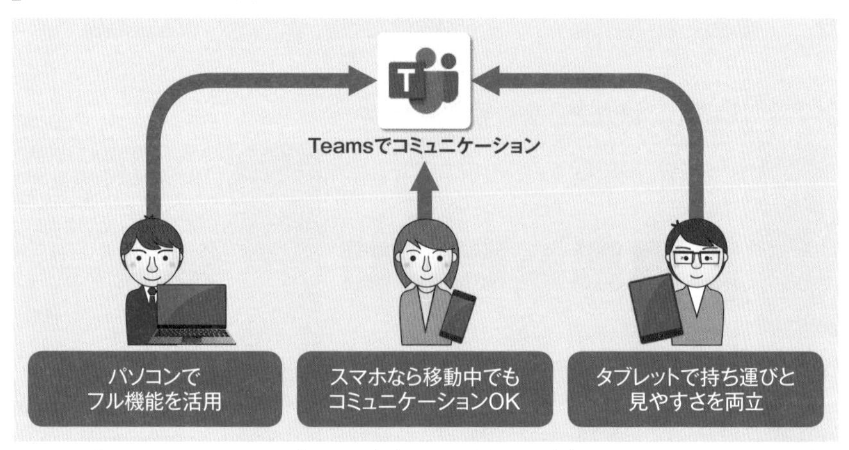

図1　パソコン、スマートフォン、タブレットなどデバイスの種類を選ばずに利用できるTeams。場所や使い方の制約が取り払われ、いつでもどこでもチームのコミュニケーションができる

スマホ向けのTeamsアプリでも、同じ情報にアクセスできる。さらに、アプリをインストールしていなくても「Webクライアント」と呼ぶWebブラウザー上での利用が可能な仕組みも用意しているので、Webブラウザーさえあれば同じ情報にアクセスしてチームワークに参加できる。

コミュニケーションは、いつでもどこでも必要になることがあるだけに、利用できるデバイスに制約を設けないTeamsが有効に使えることが分かるだろう。

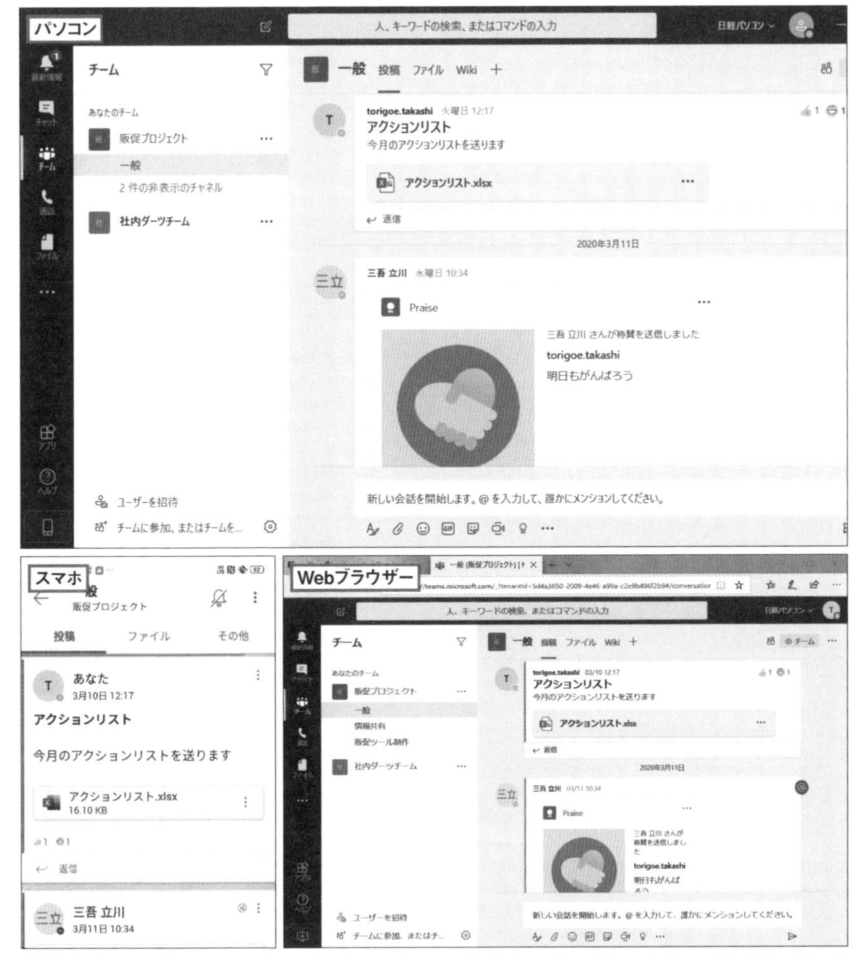

図2 パソコンのTeamsアプリ（上）、スマホのTeamsアプリ（左下）、パソコンのWebブラウザー（右下）でそれぞれTeamsを利用しているところ。同じ画面をデバイスの種類や場所などを問わずにスムーズに利用できることが分かる

Teamsがコミュニケーションを変える——Microsoftに聞く

Teamsは実際、どのように使われ、ビジネスにおけるコミュニケーションにどのような変化を与えているのだろうか。

日本マイクロソフトでは、Teamsの主な使われ方は「チーム」と「会議」だと分析している。ビジネスを推進するメンバーの間では、「チーム」のチャットベースのコミュニケーションやファイル共有により生産性を上げる取り組みが進む。一方の「会議」では、社内の会議だけでなく、社外ともWeb会議を行うようなトレンドが生まれてきているという(**図1**)。さらに2020年の新型コロナウイルスの影響により、世界中で外出禁止などの対策が取られていることから、テレワークへの対応が急速に進んでいる。

2020年3月に提供開始から3周年を迎えたTeamsは、そうした「チーム」や「会議」の変化への要求にうまく応えている。2019年11月に1日当たりのユーザー数が2000万人を超えたTeamsだが、その後の世界の環境変化によって、2020年3月には4400万人に達した。

日本マイクロソフトでTeamsのマーケティングを手掛ける春日井良隆氏は、こうした突発的な事象が起こる前から、「働き方改革やテレワークならばTeamsとアピール

©2019 丸毛透

図1 日本マイクロソフト Microsoft 365 ビジネス本部製品マーケティング部 エグゼクティブプロダクトマネージャーの春日井良隆氏

してきました。テレワークの切り札として活用してもらえるのがTeamsです。働き方改革やテレワーク推進で何をしたらよいか悩んでいる経営者の方々には、Teamsを使ってみてほしいと思います。メールではできない働き方改革が起こると考えていますし、もっと言えば"メールはもう要らない"という段階に進むのではないかと思います」と語る(**図2**)。Teamsが対象とするのは、オフィスのビジネスにおけるコミュニケーションに限らない。「教育機関で生徒や学生の学習を支援するために使ったり、医療機関で医療従事者と患者のコミュニケーションに使ったりする用途も広がっています。また、マイクロソフトが"ファーストラインワーカー"と呼ぶ現場の最前線で働く人たちに向けても、専用のデバイスを使って業務のコミュニケーションを円滑化するための取り組みが進んでいます」(春日井氏)。

ビジネスに求められるコミュニケーションの形を再定義することにもつながるTeamsについて、春日井氏はスマートフォン(スマホ)での利用が一つのカギを握ると見ている。「詳細な設定はパソコンで行うと便利ですが、ユーザーとしての日常の利用はパソコンとスマホの併用になるでしょう。チャットをしたり、送られたExcelのファイルを確認したりするだけなら、スマホで十分です。座らないと使えないパソコンとは異なり、スマホなら立っていても片手でもすぐ使えます」(春日井氏)。場所や環境に関わらず緊密なコミュニケーションが取れるTeamsの威力をさらに発揮させるには、スマホの活用を推進していく必要がありそうだ。

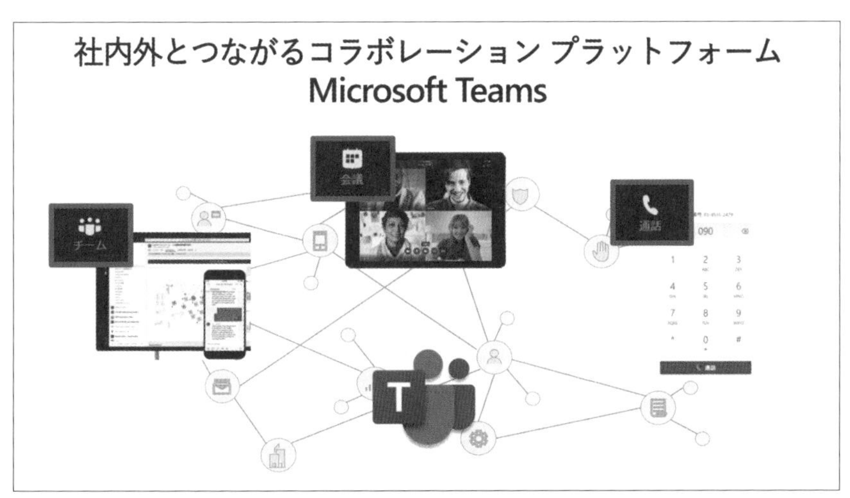

図2　社内外とつながるコラボレーションプラットフォームになる「Teams」(日本マイクロソフト「プレスラウンドテーブル 2020/3/24」から)

第2章

Teams導入に必要なこと

- Teamsが使える環境
- 必要なライセンス
- インストールする（パソコン、スマホ）

●Microsoftの公式動画（Teams使い方マニュアル）
『00-01 いろんなデバイスで動くTeams』
https://youtu.be/ubzbgUJ-VK8

Teamsを使える環境とは

チームワークのコミュニケーションを円滑に進め、働き方改革を実現するためにTeamsを導入したい。企業や組織でそう考えたとしても、利用できるハードウエアやソフトウエアに多くの制約があると利用拡大は難しい。Teamsを使える環境とは、どのようなものだろうか。

第1章 Section03で、Teamsにはパソコン向けの「デスクトップクライアント」、スマートフォン（スマホ）などのスマートデバイス向けの「モバイルクライアント」、Webブラウザーで使える「Webクライアント」の3種類があることを紹介した。パソコンはもちろん、スマホやタブレットでも利用でき、さらにWebブラウザーがある端末ならばTeamsにアクセスできる可能性が高いわけだ。

その上、マイクロソフトのアプリではあるが、Windowsパソコンであることを要求するわけではない。アップルのmac OS、iOSを搭載したMacやiPhone、iPad、グーグ

多様なOSで使えるTeams

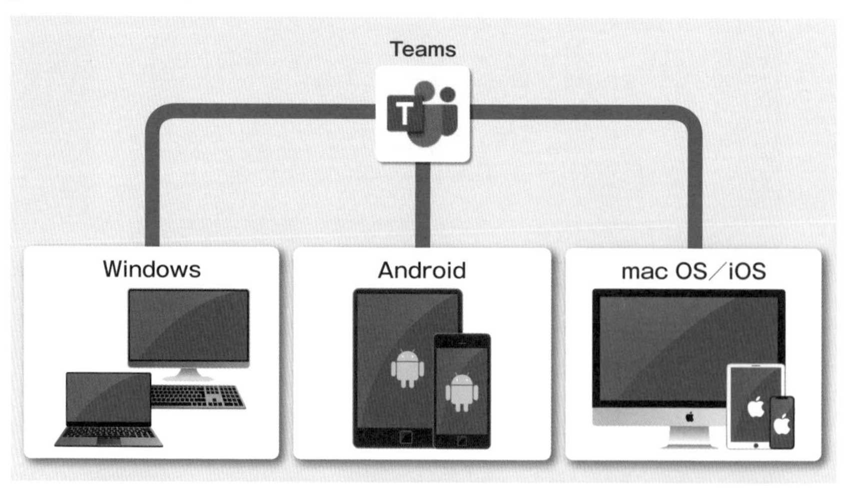

図1　Windowsはもちろん、Androidをプラットフォームにしたスマートフォンやタブレット、MacやiPhone、iPadにも専用アプリが用意されている

ルのAndroidをプラットフォームにしたスマホやタブレット、LinuxをOSに採用したマシンなどでも、Teamsは利用が可能だ（**図1**）。OSやプラットフォームの制約をなくし、ユーザーが多様な環境でコミュニケーションを円滑に進められるような環境を用意している。

ビデオ通話やビデオ会議を利用するには、マイクとスピーカーが必要になるが、ハードウエアそのものへの要求条件はさほど高くない。Windowsパソコンの場合の最小構成は、1.6GHz以上の駆動周波数を持つプロセッサーと2GBのRAM、3GBの空きディスク容量とハードルは低い。モバイルデバイスの場合でも、Androidでは最新の4つの主なバージョン、iOSでは最新の2つのメジャーバージョンが必要になるが、スマホなどのハードウエアそのものの条件は特に記載されていない。

ソフトウエアライセンスの概要も見ていこう。法人向けのOffice 365の契約があれば、その中にTeamsが含まれているので、すぐにも利用できる（**図2**）。Teamsには無料版も用意されている。基本的な機能を使ってスムーズなチーム内のコミュニケーションを図るだけなら、無料版でも十分に価値が分かる体験ができる。企業で試用や検証用途で使う場合には、Teamsが含まれているプランの「Office 365試用版」の利用も検討したい。

Teamsを利用する際に必要な、実際のライセンスのバリエーションなどは、次のSection02で見ていこう。

図2　法人向けのOffice 365のライセンスがあれば、すぐにTeamsが使える。無料版も用意されているので、試用や検証も手軽に行える

Section 02 Teams

導入に必要なライセンス

Teamsのライセンス体系でチェックしておきたい点が大きく2つある。一つはライセンスがサブスクリプション形式の「ユーザーライセンス」であること。もう一つは「Teams」を単体で利用するライセンスはなく、Office 365の何らかのパッケージプランを利用する必要があることだ。

法人向けのOffice 365プランにはさまざまな形態があるが、その中で代表的なプランを**図1**に示した。

Office 365の主な機能とTeamsを利用するリーズナブルなプランが、「Office

Teams利用のためのプラン

項目	Office 365 Business Essentials	Office 365 Business Premium
用途	中小企業向け	
料金※1	540円	1360円
Teamsの利用	○(最大ユーザー数:300人)	
チームやチャネル内でのファイル共有	組織全体で1TB+ライセンスごとに10GB	
Web版のWord、Excel、PowerPoint	○	○
デスクトップ版のOfficeアプリ※2	×	○
Office 365の追加サービス	○※3	○※3
電話システムと加入電話網との通話	×	×
電話/Webサポート	○	○
サービス品質保証※5	○	○

図1 Teamsを使うには、Office 365のいずれかのプランのライセンスを購入する必要がある。中小企業向け、大企業向けの区別や、デスクトップ版Officeアプリの利用可否などでプランが分かれる。試用やSOHOなどでの小規模な利用には無料版も用意する

365 Business Essentials」である。年間契約でユーザー当たり月額540円（税別）相当の料金でサブスクリプションできる。オンライン版のWord、Excel、PowerPointが利用でき、TeamsをOffice 365のハブにするための基本機能が備わっている。

中小規模の企業で、デスクトップ版のOutlookやWordなどのOfficeソフトを利用したい場合は、ユーザー当たり月額1360円（税別）相当の「Office 365 Business Premium」が候補になる。ここまで紹介したOffice 365 Businessは、最大ユーザー数に300人の制限がある。

大企業向けには、最大ユーザー数が無制限のMicrosoft 365 Enterpriseが用意されている。「Office 365 E1」は、デスクトップ版のOfficeソフトが含まれないプラン。年間契約でユーザー当たり月額870円（税別）相当となる。Officeソフトも込みのプランとしては、ユーザー当たり月額2170円（税別）の「Office 365 E3」がある。

このほかに、「Microsoft Teams（無料版）」があり、こちらはTeamsのコミュニケーション機能の試用版といった位置付けだ。

Office 365 E1	Office 365 E3	Microsoft Teams（無料版）
大企業向け		試用版
870円	2170円	無料
○（最大ユーザー数:無制限）		○（最大ユーザー数:300人）
組織全体で1TB +ライセンスごとに10GB		1ユーザー当たり2GBと、共有ストレージ10GB
○	○	○
×	○	×
○※4	○※4	×
○ アドオンで利用可能		×
○	○	×
○	○	×

※1 ユーザー当たり月額相当額、税別で年間契約の場合　※2 Outlook、Word、Excel、PowerPointなど　※3 Exchange、OneDrive、SharePoint　※4 ※3に加えて、Yammer、Streamなど　※5 SLA、稼働率99.9%を保証、返金制度あり

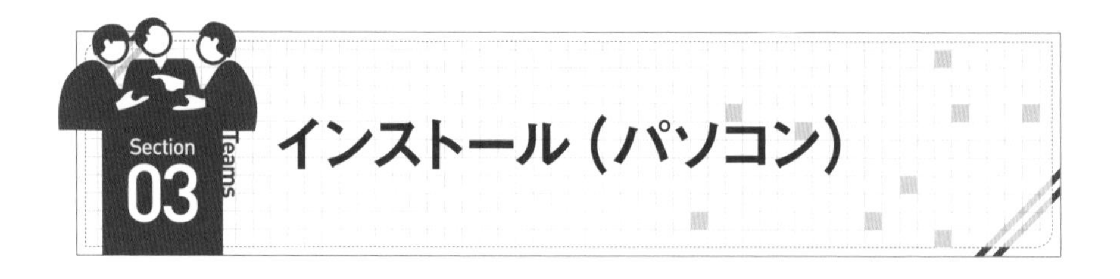

インストール（パソコン）

パソコン向けのデスクトップ版アプリ（デスクトップクライアント）をインストールすることで、Teamsの機能をパソコン上でフルに活用できる。ここでは利用者にライセンスが割り当てられていることを前提にして、手順を見ていく。まずWebブラウザーでOffice 365にサインインし、表示されたOffice 365のサイトで「Teams」のアイコンをクリックする（**図1**）。**図2**の画面が表示されたら、「Windowsアプリを入手」を選び、アプリをインストール。その後は画面の指示に従って、アカウント名とパスワードを入力してサインインすればよい（**図3**）。ブラウザー版（Webクライアント）で使い続けることも、Windowsアプリを後からダウンロードすることもできる（**図4、図5**）。

パソコンへのインストール手順

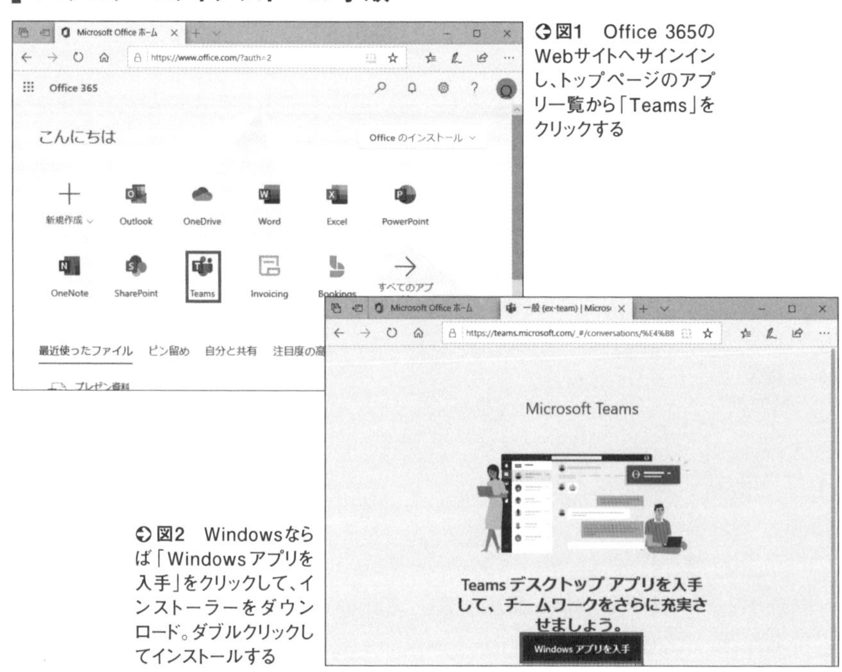

図1　Office 365のWebサイトへサインインし、トップページのアプリ一覧から「Teams」をクリックする

図2　Windowsならば「Windowsアプリを入手」をクリックして、インストーラーをダウンロード。ダブルクリックしてインストールする

◀ 図3　インストールしたら、スタートメニューなどから起動する。最初に起動したときは、アカウント名とパスワードを入力してサインインする

◀ 図4　アプリをインストールせずにWebブラウザーでも利用は可能。その際は「代わりにWebアプリを使用」を選ぶ

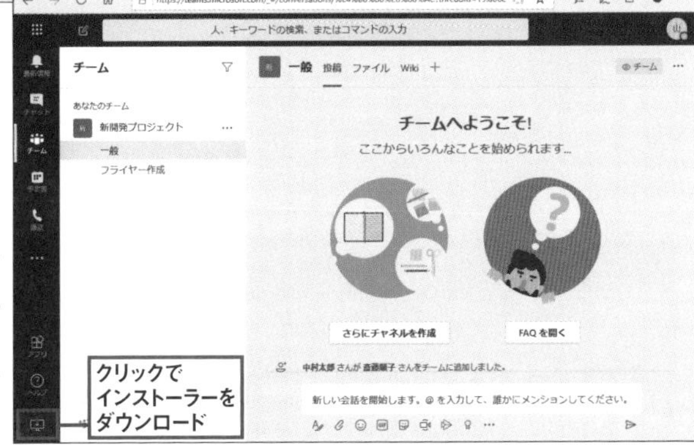

▶ 図5　WebブラウザーでTeamsのWebアプリを利用している状態で、Windowsアプリをダウンロードしたくなったら、左下のダウンロードアイコンをクリックすればOK

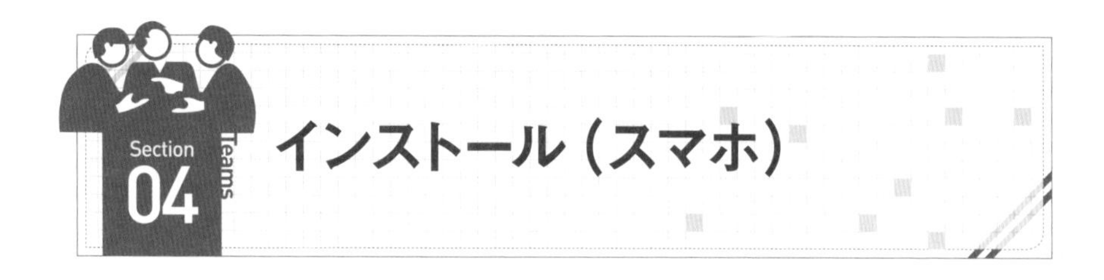

インストール（スマホ）

Teamsを使ってコミュニケーションの効率化や迅速化を図るならば、スマートフォン（スマホ）からの利用が欠かせないポイントになる。スマホでTeamsを使うときは、Androidスマホならば「Google Playストア」、iPhoneやiPadならば「App Store」から、Teamsのアプリを探してインストールする（**図1**）。インストール後に「開く」をタップすれば、スマホ版のTeamsアプリが起動する（**図2**）。

パソコンと同様に、指示に従って操作すると、初回は「サインイン」を求められるので、アカウント名とパスワードを使ってサインインする（**図3、図4**）。サインインが完了すると、Teamsの利用が始められる。

アプリストアでTeamsアプリを探す手間を省くには、パソコン版アプリにある「モバイルアプリをダウンロード」のボタンを使うとよい（**図5**）。パソコンの画面にQRコードが表示されるので、これをスマホで読み取るだけで手軽にTeamsアプリのインストール画面にジャンプする（**図6**）。

Teamsアプリのスマホへのインストール手順

図1　Google Play ストアやApp Storeから Microsoft Teamsのアプリを検索してインストール

図2　Microsoft Teamsのインストールが終わったら、「開く」をタップ

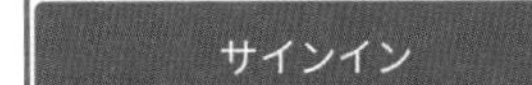

図3　初回の利用では「サインイン」をタップ。スマホで新規のアカウントを作成することもできる

図4　アカウント名を入力、次にパスワードを求められるので入力すればTeamsの利用を始められる

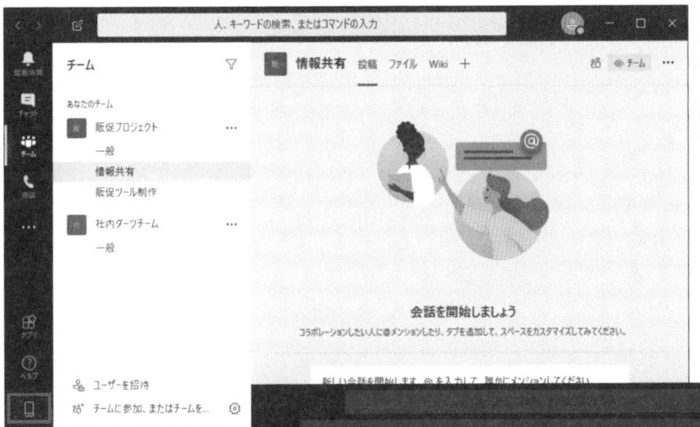

図5　パソコン版のアプリを使っている場合は、Teamsの画面左下に「モバイルアプリをダウンロード」のボタンが示される

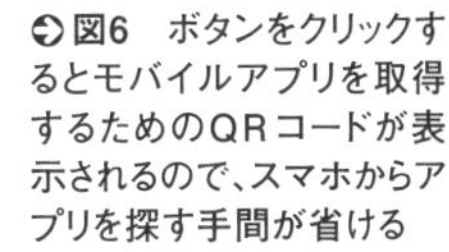

図6　ボタンをクリックするとモバイルアプリを取得するためのQRコードが表示されるので、スマホからアプリを探す手間が省ける

第3章

Teamsの単位はチームとチャネル

- まずはチームを作る
- チームを活用する
- チャネルを活用する

●Microsoftの公式動画（Teams使い方マニュアル）
『03-01 チャネルを作成する』
https://youtu.be/2oKgoQe5XEE

コミュニケーションの単位「チーム」と「チャネル」

Teamsのコミュニケーションの独特な点は、ビジネスのコミュニケーション単位としてメンバーを集めた「チーム」と「チャネル」という2つの構造を持っていることだ。この2つを使い分けることで、仕事のコミュニケーションを効率的に分類できる。

構造としては、チームの方が大きな単位になり、チームの中にチャネルを複数用意できるようになっている。チームでは、部署やオフィスの場所、長期のプロジェクトなどの会話やコミュニケーションをまとめて表示する。一方のチャネルでは、それぞれのチームの中でのトピックや短期プロジェクト、専門分野などごとのコミュニケーションを行うことが一般的だ(**図1**)。こうした階層構造を持つことで、自分に関わりのあるチームやチャネルについて注目しておけば、情報共有や問い合わせへの対応などがスムーズに行えるようになる。

チームとチャネルという階層構造があることで、実際のビジネスのチームワークに適用しやすくなる。もしもTeamsにチームしかコミュニケーション単位がなかったら、規模の異なるチームが乱立してしまい情報の確認がとても難しくなってしまう。それだけに、チームとチャネルをうまく会社や部署のコミュニケーション単位に合わせて

「チーム」と「チャネル」の2階層でコミュニケーション

チーム

何かの仕事を完成させるために緊密に作業している人たちを一つにまとめた単位。部署やオフィスの場所、長期のプロジェクトなどの会話やコミュニケーションをまとめて表示する。

チャネル

チーム内に設ける特定の話題の専用セクション。トピック、短期プロジェクト、専門分野などごとの会話やコミュニケーションをまとめる。

図1 Teamsでコミュニケーションを図るグループには、「チーム」と「チャネル」がある

「設計」することが、Teams活用の第一歩になる。

チームとチャネルの使い分けとして一例を**図2**にまとめてみた。例えば、チームとして「全社員向けチーム」「部署単位のチーム」「中長期のプロジェクトのチーム」などを用意する。全社員向けのチームには、全員に告知するための掲示板のチャネルや、ノウハウを共有する相談室のチャネルなどを設ける。部署やプロジェクトの単位では、それぞれ内部の業務に関わる詳細なチャネルを立ち上げることで、コミュニケーションを円滑に進められる。それぞれのチームには、「一般」というデフォルトのチャネルがある。コミュニケーションの細分化が不要なら、一般チャネルだけで運用することも可能だが、チームには、通常さまざまな話題があり、また、一般チャネルは、メンバーの追加の履歴などそのチームの動きが自動的に記録される特別なチャネルのため、話題ごとにチャネルを追加することをお勧めする。

チームやチャネルに投稿したメッセージは、Teams利用者の共通の情報資産になる。知識やノウハウを属人的なコミュニケーションで偏在化させるのではなく、皆で自然に共有することで「また同じ問い合わせが来た」「一部の人だけにしか情報が伝わらずに、トラブルが起こった」といった無駄やリスクを省くことができる。

すなわち、チームやチャネルを上手に設定しておくと、メンバーは適切なチームやチャネルの情報を追いかけているだけで、必要とされる情報を集約して入手できるようになる。例えば、店舗などの現場では、接客など優先される業務があり、本部などとのコミュニケーションは二の次になってしまうことが多い。そうしたときに、多くのメールの中から重要なメッセージを確実にチェックして、返信するのは難しい。Teamsでチームやチャネルがきちんと作られていれば、忙しい現場でも最低限そのチャネルの情報だけを確認しておくと、必要に応じたリアクションが起こせるのだ。

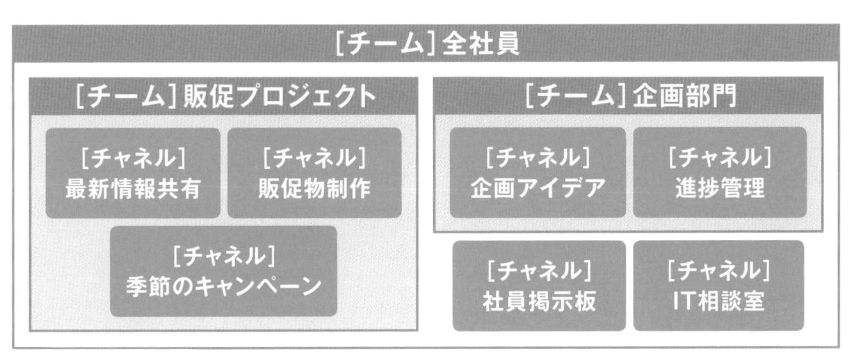

図2　チームとチャネルを使い分けて多様なコミュニケーションを整理

Section 02 まず新しいチームを作ろう

初めてTeamsのアプリやWebアプリを起動した時点では、「チーム」や「チャネル」は用意されていない。まず一緒に作業するメンバーを集めた新しいチームを作っていこう。

チームは、社内などの同一の「テナント」※に所属しているアカウントのメンバーで作るのが基本になる。いずれかのメンバーがチームを作成し、一緒に作業するメンバーを登録するという流れだ。チームを作成したメンバーは「所有者」の属性を持ち、チームの管理者として各種の設定や管理を行う。チームに登録されたメンバー

新規チームの作成

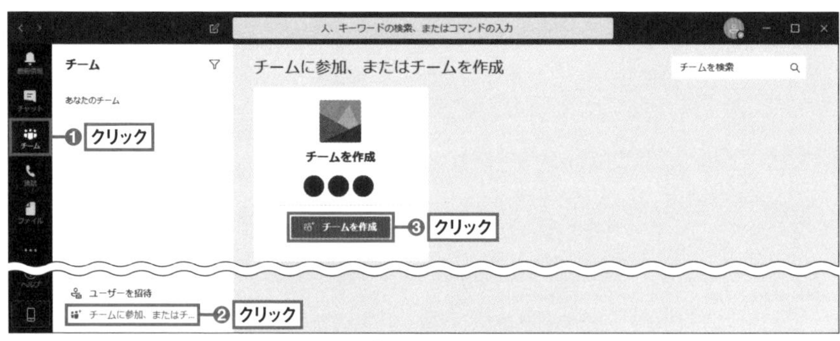

図1　Teamsを起動したら、左端の一覧から「チーム」を選ぶ❶。次に、下の「チームに参加、またはチ…」をクリックし❷、右に表示されたメニュー枠内の「チームを作成」を選択する❸

図2　今回は「初めからチームを作成する」を選ぶ

※Office 365 を利用する組織の単位のこと。通常は一つの企業やグループ会社単位であることが多い。

のTeams画面には、自動的に新しく作られたチームの名称が表示され、コミュニケーションが始められる。

実際の手順を確認しよう。Teamsを起動したホーム画面には、左に機能メニューを示したアイコンが並ぶ。ここで「チーム」を選ぶとチーム画面に移動する（**図1**）。次に、左下の「チームに参加、またはチームを作成」をクリックすると、画面の右側に「チームを作成」のメニューが表示される。その中の「チームを作成」のボタンをクリックする。この後は、画面の指示に従ってチーム作成の設定を進めていけばよい。今回は「初めからチームを作成する」で新規チームを作成する（**図2**）。次にチームの種類として、登録メンバーだけが参加できる「プライベート」と、誰でも参加可能な「パブリック」の2種類から選択し（**図3**）、チームの名称を入力する（**図4**）。次にメンバー

図3　作成するチームの種類を選択する。ここでは、参加にアクセス許可が必要な「プライベート」のチームを作成する

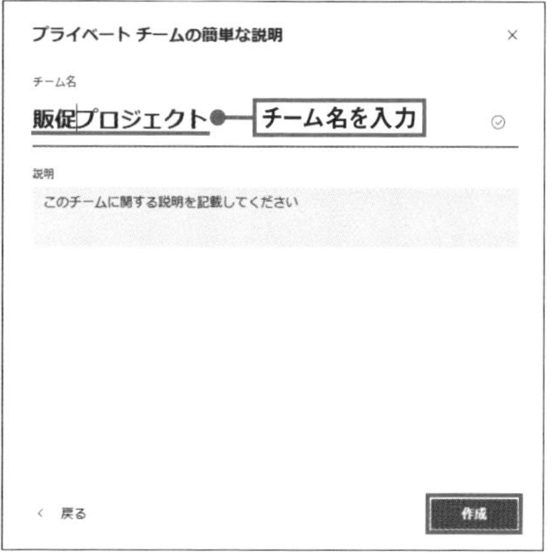

図4　チームの名称を入力する。チーム名称はシンプルで分かりやすく、他のチームと混同しにくいものが望ましい

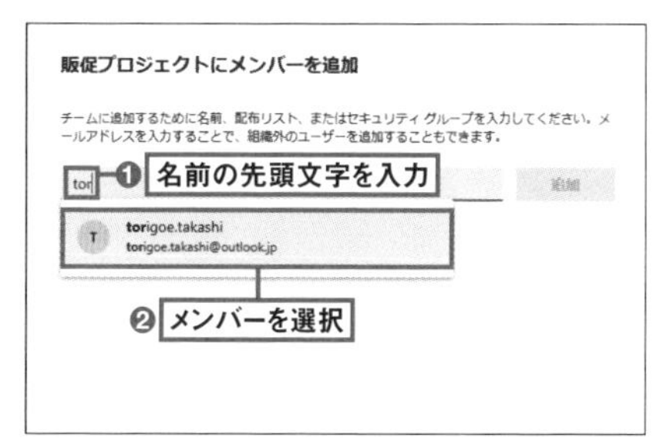

図5　チームに追加するメンバーを選ぶ。同じ組織内であれば、名前の文字を入力すると候補が表示される。グループからメンバーをまとめて追加もできる

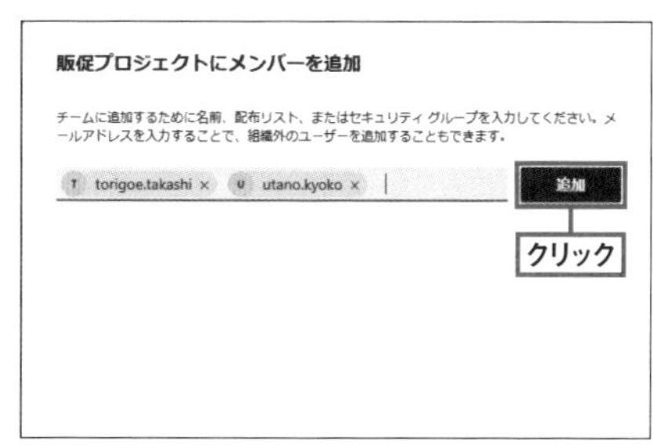

図6　チームに追加するメンバーを選び終えたら、「追加」をクリックすることで新しいメンバーを加えたチームが完成する

の登録画面が開くので、メンバーを選んで登録する（**図5**）。この作業を繰り返し、最後に「追加」を押せば完了する（**図6**）。

チームの作成はTeamsのコミュニケーションの最初の準備となる。どんなチーム編成が自分たちのビジネスのコミュニケーション単位として適しているかを考えることが、Teams使いこなしの1つのポイントになる。

スマホの場合

スマホでもチームを作成できる

Teamsは、パソコンやスマホといったデバイスを選ばずに利用でき、第一歩であるチーム作成も、スマホで手軽にできる。スマホのTeamsアプリで「チーム」を選び、上部のメニューアイコンのタップで、「新しいチームを作成」のメニューから作成を進められる（**図7〜図9**）。

図7 スマホのTeamsアプリを起動したら、下部のメニューから「チーム」を選択❶。次に上部の「⋮」をタップする❷

図8 下部に開いたメニューから「新しいチームを作成」を選択

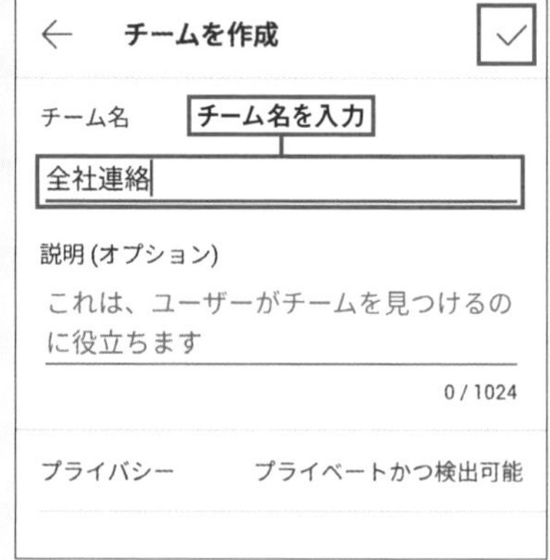

図9 チーム名を入力して右上のチェックマークをタップすると、チームのメンバーを登録する画面に移る

Teamsコラム 1

Teamsの歩み
世界で4400万人が利用(2020年3月時点)

Teamsは2017年3月にチャットベースの「ワークスペース」のツールとして提供が始まった。当初は25言語の対応でスタートを切った。その後、さまざまな機能を取り込み、現在に至るまで「チームワーク」のハブツールとして拡張を続けている。

2017年6月には教育機関向けのTeamsの提供を開始し、企業だけでなく教育分野でのコラボレーションへの取り組みを進めた。2017年9月に、AIを活用したビデオ会議、音声会議の機能を提供し、チャットベースのワークスペースから、チームワークに求められる「会議」への対応を進めた。

2018年7月には、Teamsの無料版の提供を開始し、エンタープライズ用途だけでなく個人やSOHOも含めたチームワーク利用の期待に応えられるように間口を拡大した。

2019年も機能拡張を続けるとともに、医療機関向けや現場の最前線のファーストラインワーカー向けの機能を提供し、用途の拡大を図る。こうした取り組みにより、2019年11月には世界の1日当たりのユーザー数が2000万人を突破。その後の新型コロナウイルス感染拡大によるテレワークの広がりも利用を後押しし、2020年3月には1日当たり4400万人が利用するまでの成長を見せている。

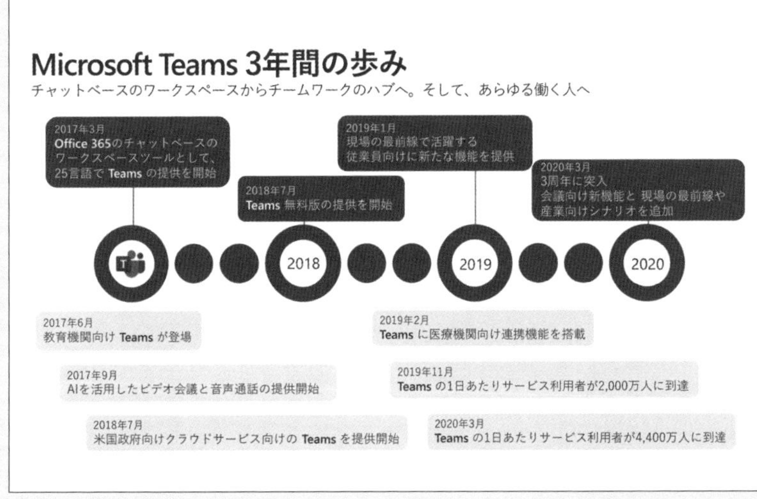

↑ 提供開始から3年たった現在までのTeamsの主なトピック(日本マイクロソフト「プレスラウンドテーブル 2020/3/24」から)

既存のチームから新しいチームを作る

最初にチームを作るときは、メンバーを1人ずつ登録していくか、あらかじめ組織で準備しているグループを検索して、メンバーをまとめて登録するなどの手順となる。しかし、既にチームがいくつかあるような状態ならば、既存のチームの情報を使って比較的手軽に新しいチームを作ることもできる。メンバーや設定などを既存のチームから引き継いで新しいチームを作成し、必要な調整を加えればよい。

実際の手順は、Section02のチームを作成する図2のところで、「既存のチームから作成」を選ぶ（**図1**）。次の画面で「チーム」をクリックし（**図2**）、さらに次の画面で既存のチーム名から対象とするチームを選ぶ（**図3**）。

新しく作るチームの名称を入力して（**図4、図5**）、次の画面で引き継ぎたい内容を

既存のチームを参照して新しいチームを作成

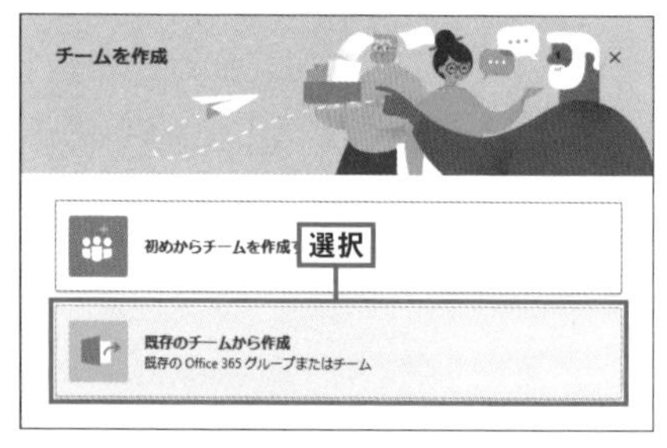

図1　Section02の図1の手順で「チームを作成」の画面に移り、「既存のチームから作成」を選ぶ

図2　既に存在しているチームをベースにして新しいチームを作るため「チーム」を選択

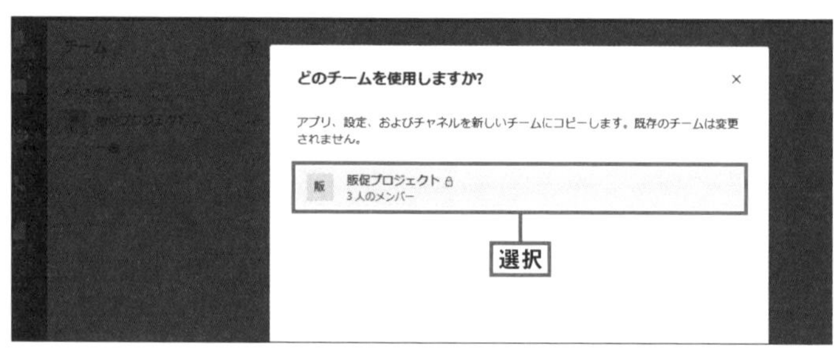

図3　新しいチームを作るときに使用する既存チームを選ぶ。複数のチームがあれば、ここに全て表示される

選ぶ。同じ組織内に新しいチームを作るようなときはメンバーを引き継げば、登録の手間が省ける。タブやチームの設定、アプリなどの引き継ぎもチェックボックスで選ぶだけで済む（**図6**）。新しいチームの「プライベート」か「パブリック」の選択も、この画面のプライバシーの欄のプルダウンで設定が可能だ（**図7**）。同じ会社や組織の中で新しいチームを作るときは、ゼロからチームを作成するよりも、使い慣れた既存のチームの設定やメンバーを引き継ぐとよいだろう。

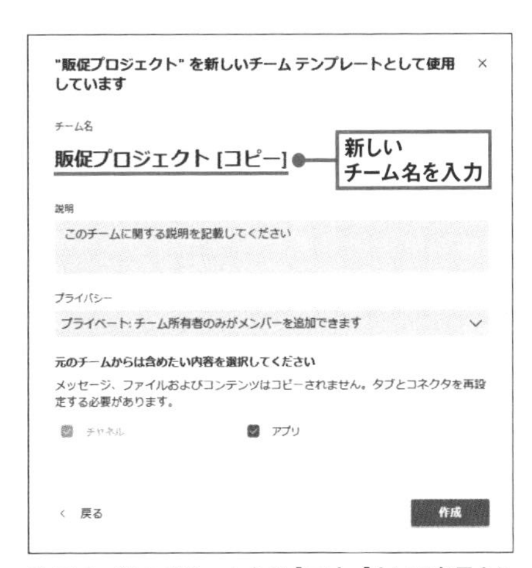

図4　選んだチーム名が［コピー］として表示されるので、新しいチーム名を入力

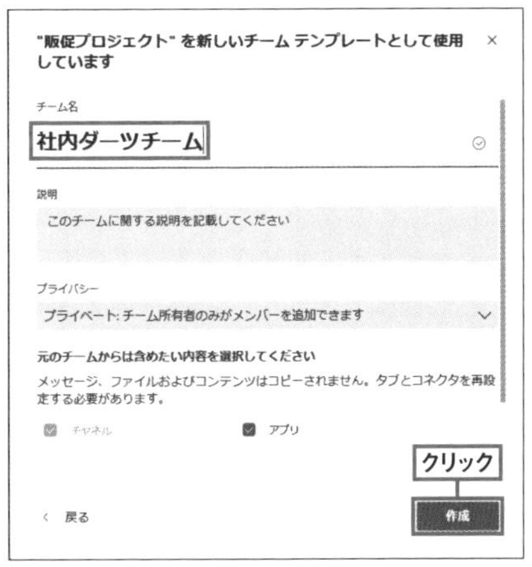

図5　新しいチーム名を入力したら画面右下の「作成」を選択する

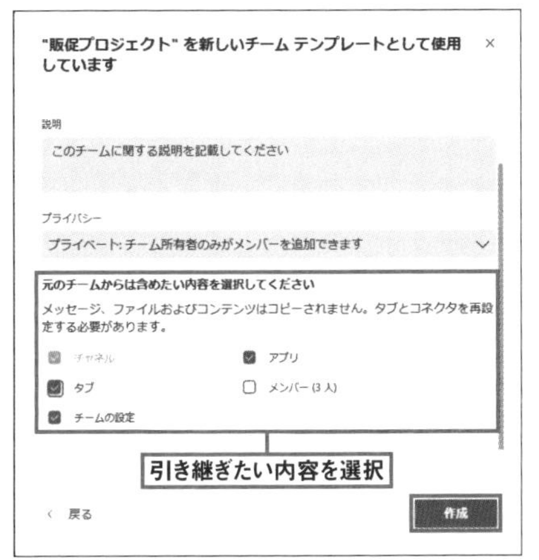

図6　新しいチームの説明を必要に応じて入力し、元のチームから引き継ぎたい内容を選んで「作成」で終了

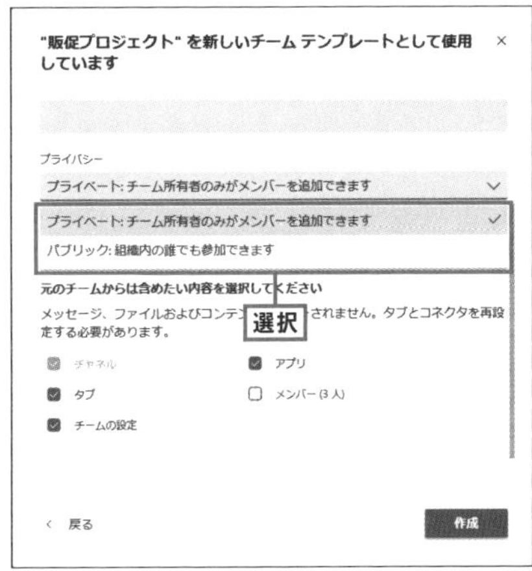

図7　プライベートなチームかパブリックなチームかの選択も、図6の画面の中央の「プライバシー」で選択できる

第3章 Section07 P156へ Section04からは主にチームの「所有者」による各種設定について説明する。「利用者」として使う場合、ここはジャンプして、チームの次に重要なチャネルの作り方を説明したSection07から読み進めてほしい。

チームを管理する

チームには必要に応じてメンバーを追加したり削除したりする「管理」が求められる。管理はチームの「所有者」の権限を持つメンバーが行う。

メンバーを追加する場合は、チーム名称の右の「…」をクリックして開くメニューから「メンバーを追加」を選んで、登録と同様の手順を進めればよい（**図1～図3**）。

メンバーを削除したり、「所有者」の権限を与えたりするような設定は、同じくチー

チームにメンバーを追加する

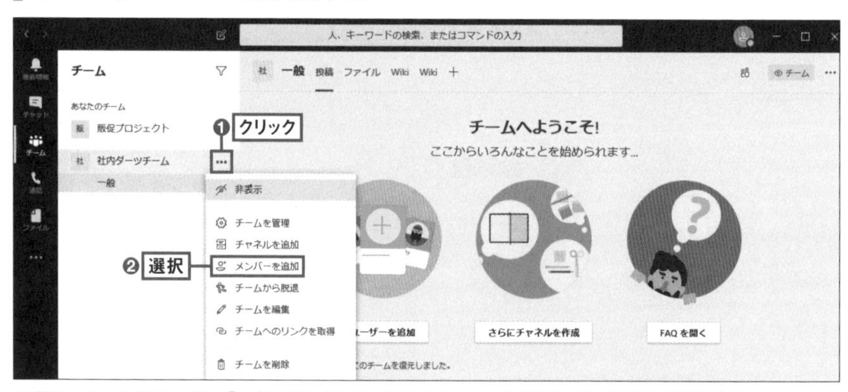

図1　チーム名の右側の「…」をクリックし❶、開いたメニューから「メンバーを追加」を選択❷

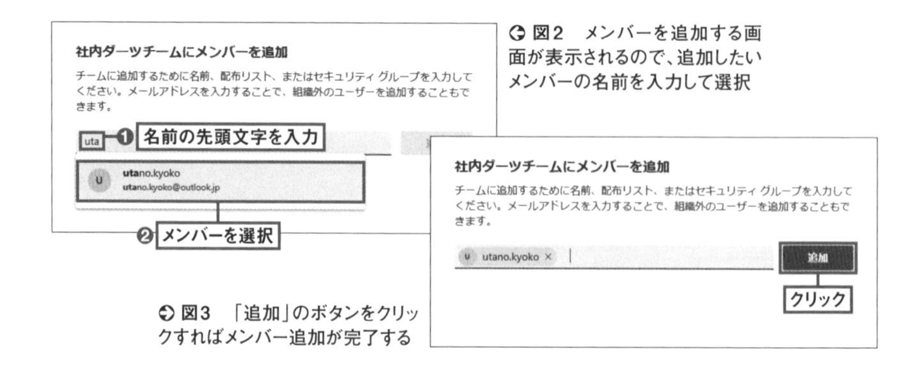

図2　メンバーを追加する画面が表示されるので、追加したいメンバーの名前を入力して選択

図3　「追加」のボタンをクリックすればメンバー追加が完了する

メンバーの役割変更や削除をする

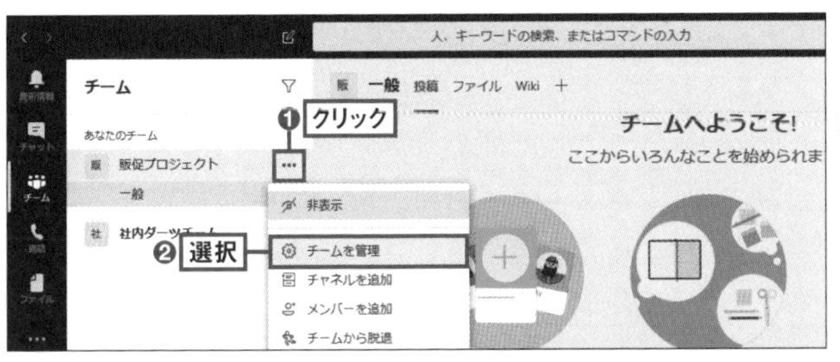

図4　チーム名の右側の「…」をクリックし❶、開いたメニューから「チームを管理」を選択❷

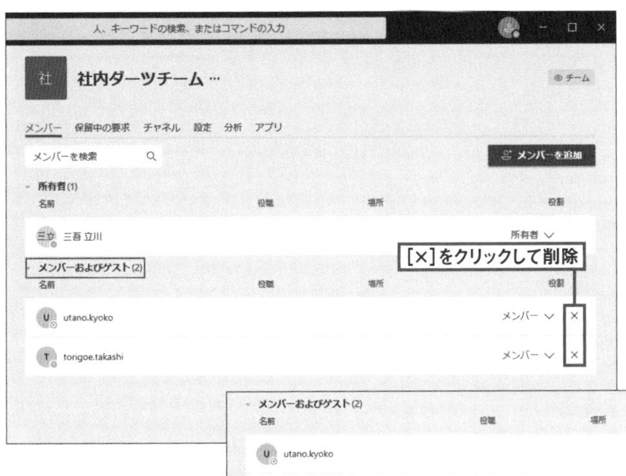

図5　チームのメンバーが「所有者」と「メンバーおよびゲスト」に分かれて表示される。メンバー名の一番右の「×」を押すとチームから削除

図6　メンバー名の右側のプルダウンで、「メンバー」と「所有者」を切り替えられる

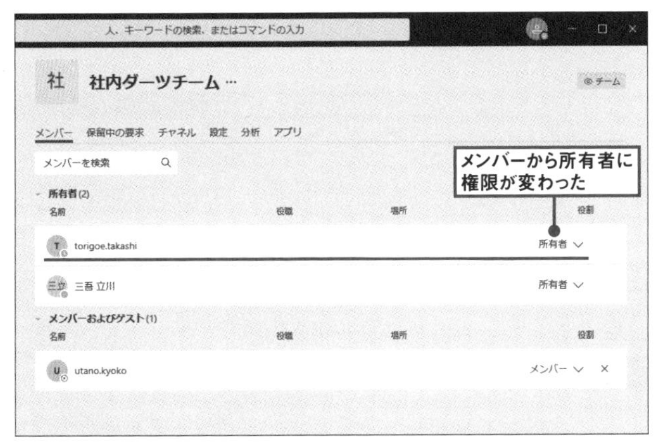

図7　プルダウンで1人のメンバーを所有者に変更したところ、上部の所有者欄に記載が移った

ム名称の右の「…」で開くメニューから、「チームを管理」を選び、開いた管理画面で行える（**図4～図7**）。

さらに詳細の設定をするときは、「チームを管理」で開いた管理画面で、「設定」のタブを選ぶ。「チームの画像」の設定や、チャネルの作成権限などを指定する詳細な「メンバーアクセス許可」「ゲストのアクセス許可」、後に説明する絵文字などの「お楽しみツール」の利用の許可／禁止の設定などができる（**図8～図11**）。

詳細の設定を変更する

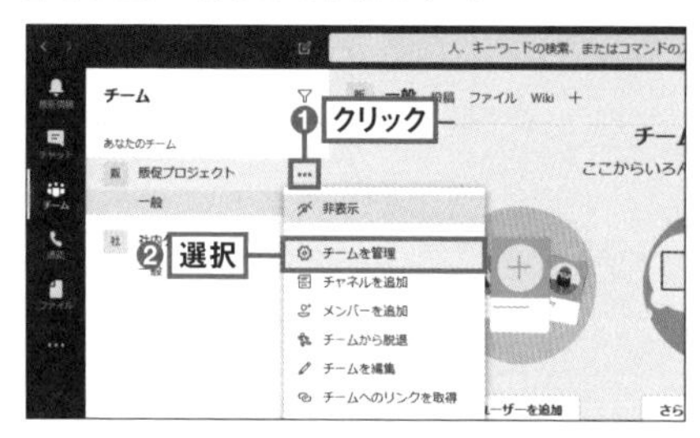

図8　詳細設定も、メンバーの設定と同様にメニューから「チームを管理」を選択

図9　開いた画面で、上部に並ぶタブから「設定」を選ぶ

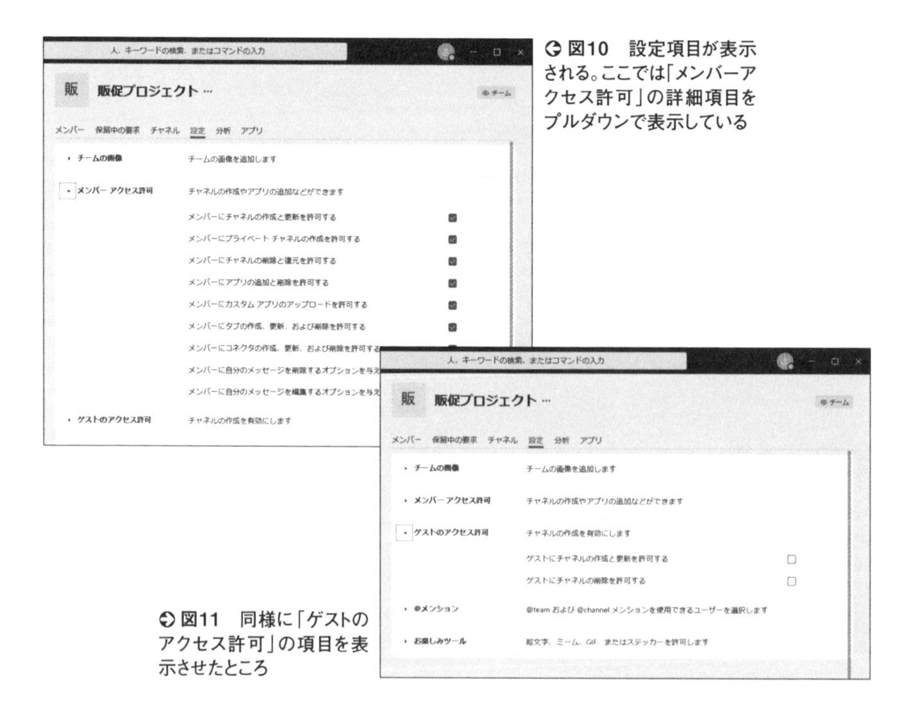

図10　設定項目が表示される。ここでは「メンバーアクセス許可」の詳細項目をプルダウンで表示している

図11　同様に「ゲストのアクセス許可」の項目を表示させたところ

スマホの場合

チーム管理の一部はスマホからも実行可能

スマホでTeamsを利用しているときも、ユーザーの追加や削除といった基本的なチームの管理の設定は可能だ。自分が「所有者」の権限を持つチームならば、チームのメニューに「メンバーを管理」の項目が表示され、追加や削除、権限の変更といった設定変更ができる（**図12～図16**）。

図12 下部のメニューで「チーム」を選び❶、上部の右側の「︙」のメニューを選ぶ❷

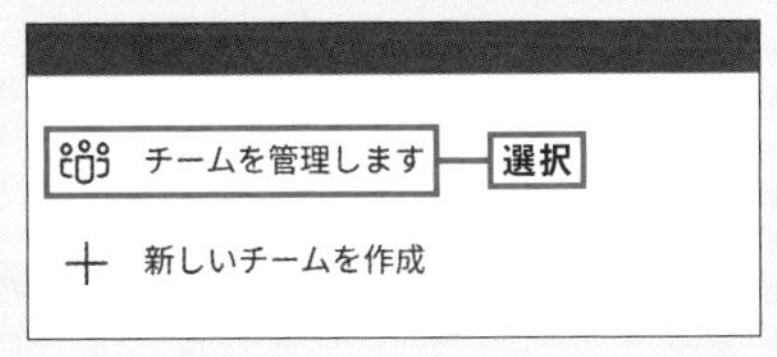

図13 開いたメニューから「チームを管理します」を選択

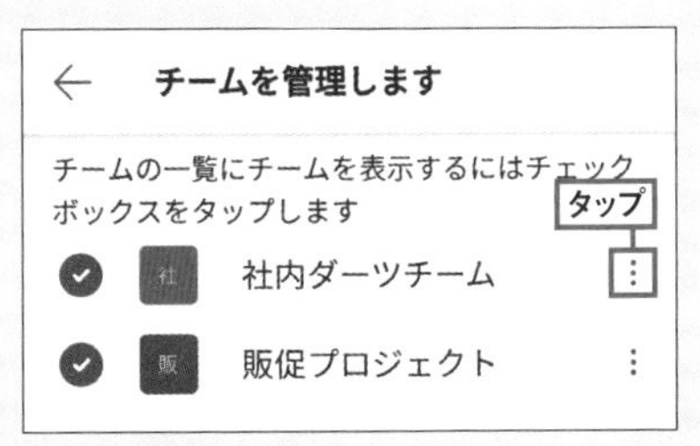

図14 管理したチームの名称の右側の「︙」のメニューを選ぶ

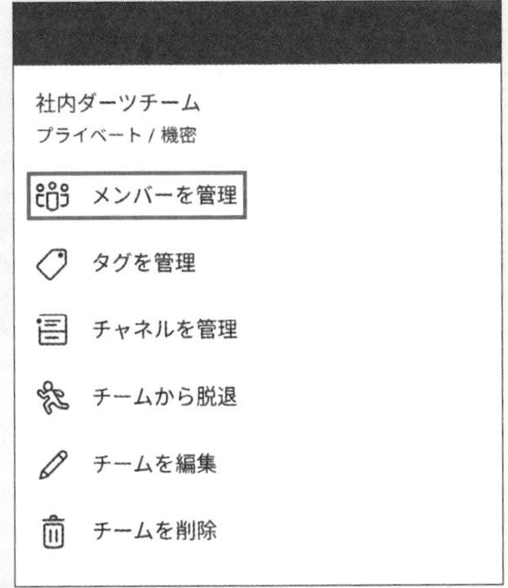

図15 開いたメニューから「メンバーを管理」を選択する。登録されたメンバーを一覧できる図16の画面が開く

図16 メンバーを追加するには右下の「人型」のアイコンを選択、既存メンバーの役割変更や削除はメンバー名の右の「︙」のメニューから

組織外の人とチームを作る

同じ会社や組織の人だけでなく、外部の人もチームに加えたプロジェクトチームで一緒にコミュニケーションしたい場合もある。そうしたときは、Teamsが持つゲストとしてチームに招待する機能を利用する。ただし、ゲストの招待はアカウントを持つ企業や組織が、セキュリティポリシーなどから機能の利用を許可していない場合があるほか、組織の設定などで以下の手順と異なる場合もあるので注意が必要だ。

招待の仕方そのものには難しいことはない。メンバーの追加の手順で、外部の人のメールアドレスを入力して「ゲストとして追加」を選ぶと、招待メールが送られる（**図**

外部の人をメールで招待

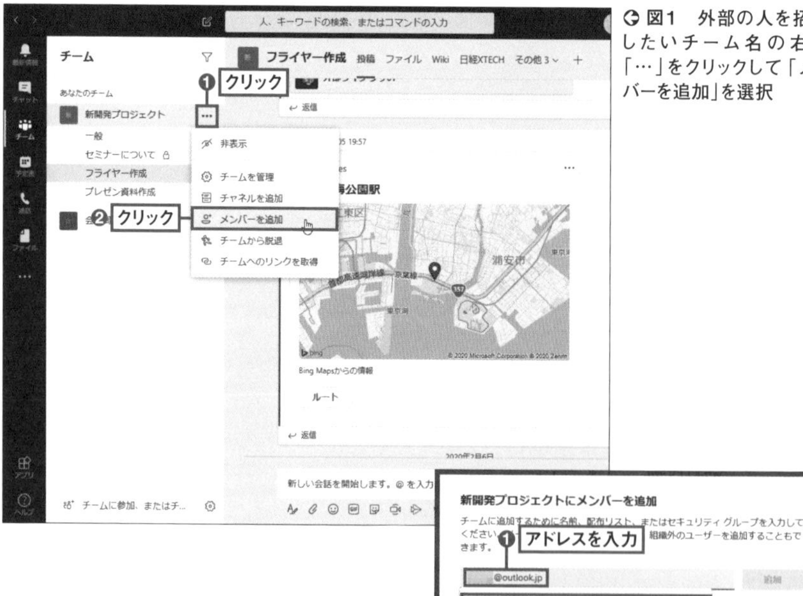

➡ 図1　外部の人を招待したいチーム名の右の「…」をクリックして「メンバーを追加」を選択

➡ 図2　メールアドレスを入力して「…… をゲストとして追加」を選ぶと、選んだアドレスに招待メールを送信

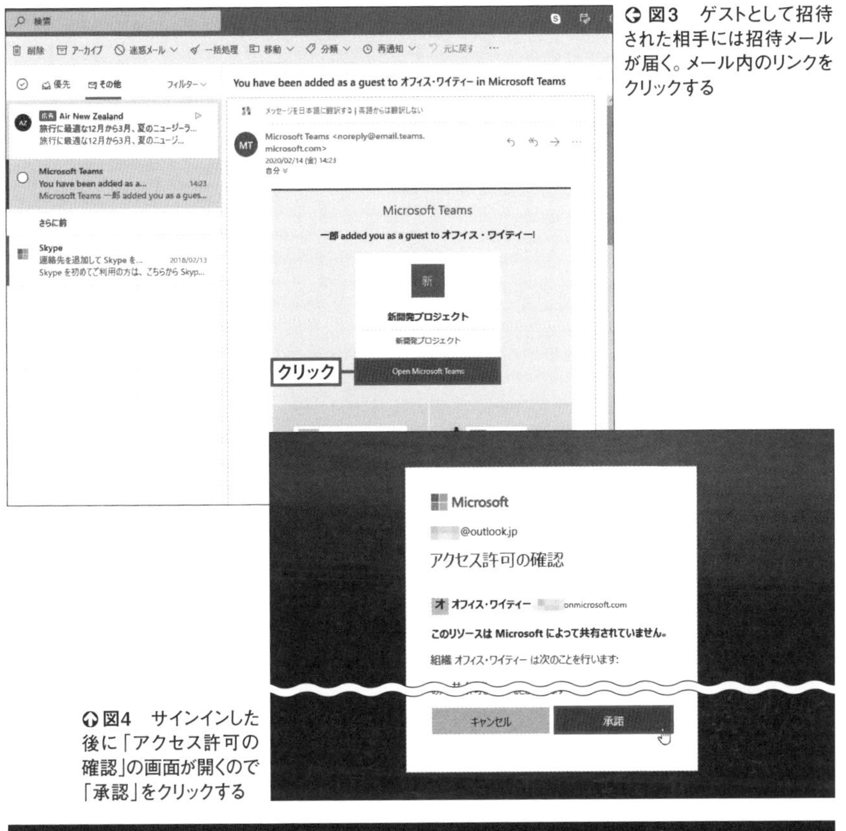

図3　ゲストとして招待された相手には招待メールが届く。メール内のリンクをクリックする

図4　サインインした後に「アクセス許可の確認」の画面が開くので「承諾」をクリックする

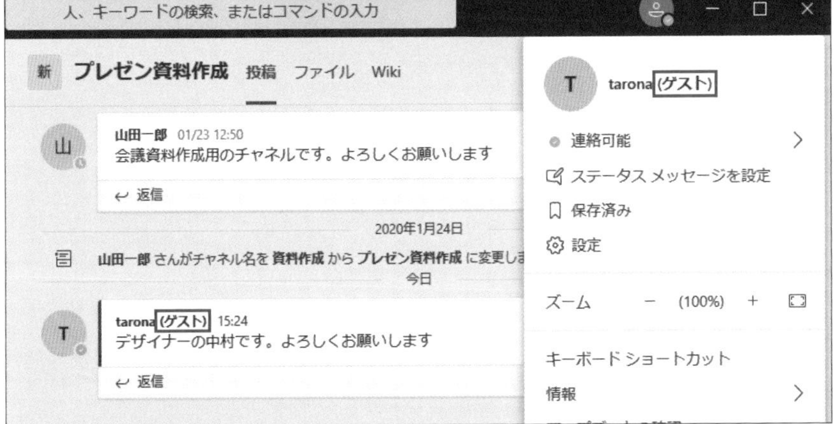

図5　これで招待された人がゲストとしてチームに参加できる。ゲストのメンバーは名前に「（ゲスト）」の文字が追加される

1、図2）。招待メールが届いた外部の人は、組織の設定やゲストのアカウントの種類にもよるが、画面の指示に従ってTeamsにサインインしてアクセス許可を「承認」すれば、ゲストとしてチームに参加できる（**図3、図4**）。

ゲストとしてチームに参加しているときは、メッセージなどの自分の名称の右に「（ゲスト）」の文字が加わり、ゲストであることが明示される（**図5**）。

スマホの場合

スマホからもゲストを招待

スマホでもチームのメニューから「メンバーを管理」を選び、メンバー追加の手順で外部の人のメールアドレスを入力して「ゲストとして招待」を実行すれば、相手に招待メールが届く。その後は図3からの手順でゲストの登録をすればチームにゲストとして参加できる（**図6〜図8**）。

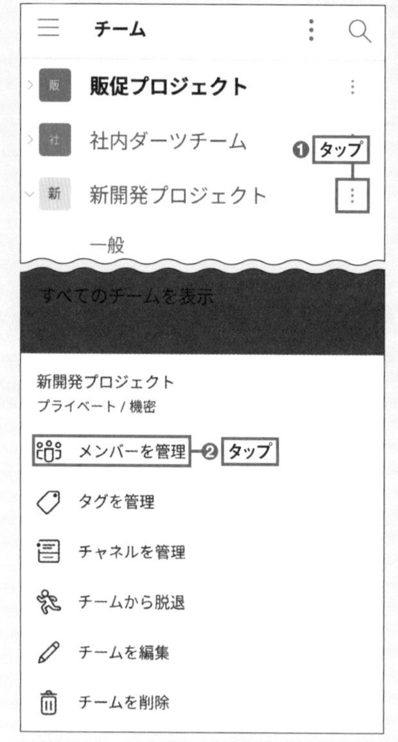

図6 スマホで「チーム」画面に移り、チーム名の右の「⋮」をタップ。開いたメニューで「メンバーを管理」をタップ

図7 画面下部の「メンバーを追加」を示す人型のアイコンをタップする

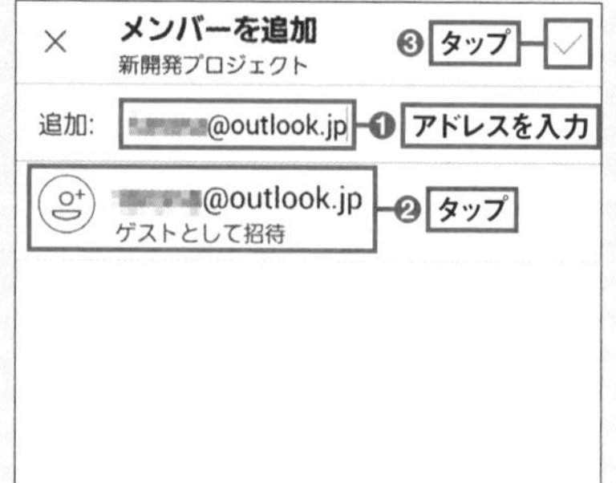

図8 メンバーを追加の画面が開くので、メールアドレスを入力して「ゲストとして招待」をタップし、最後にチェックマークをタップする

チームの表示を整理する

企業や組織でTeamsの活用が進むと、コミュニケーション単位のチームが増殖していく。これは有効に活用されている証拠であるものの、結果として所属しているチームが増え過ぎて、主な業務で密接に関わりたいチームの情報を見落とすといった事態にもなりかねない。そのようなときには、チームの表示を整理してTeamsの使い勝手を保とう。

整理の仕方は簡単。まず、チームは上下にドラッグで移動できるので、頻繁に使うチームは上部に持って来よう。また、画面左側に表示されるチームから、整理したいチーム名の右の「…」をクリックして、メニューの「非表示」を選ぶのもよい。選んだチーム名の表示が消えて、「非表示のチーム」の中に格納される（**図1、図2**）。

チームを非表示にする

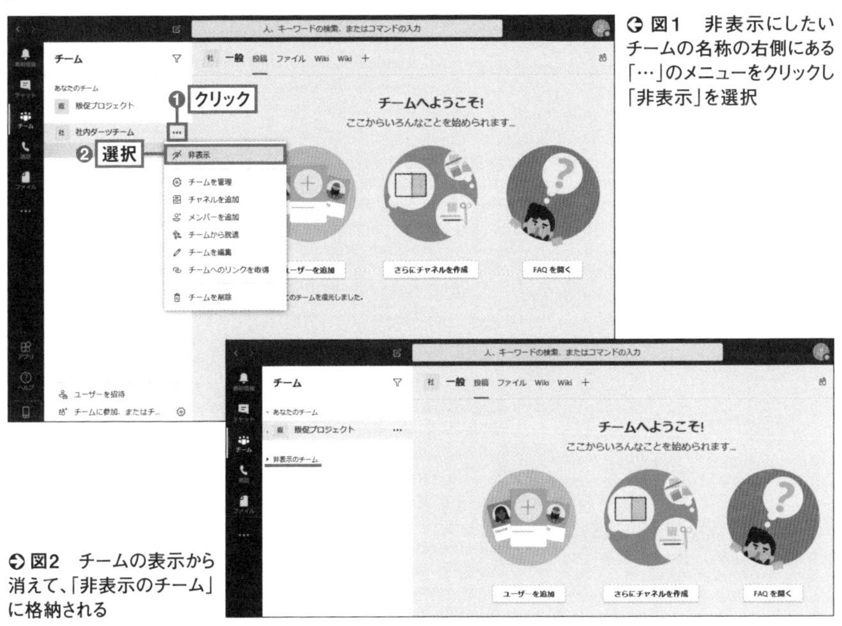

図1　非表示にしたいチームの名称の右側にある「…」のメニューをクリックし「非表示」を選択

図2　チームの表示から消えて、「非表示のチーム」に格納される

非表示になっても、「非表示のチーム」を開けばすぐにメッセージのやり取りは可能なので安心。再度表示したくなったら、非表示のチームの中から表示したいチームのメニューを開いて「表示」を選択すれば再表示される(**図3、図4**)。

リアルの業務でプロジェクトなどが終了しても、Teams上にチームが残っていると

再表示も簡単

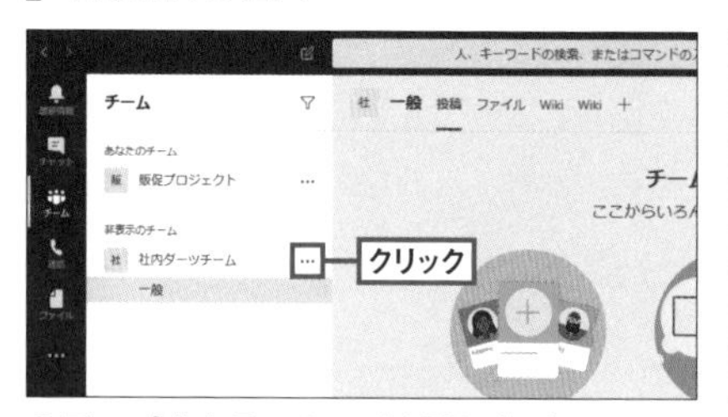

図3 「非表示のチーム」を開き、「…」のメニューをクリック

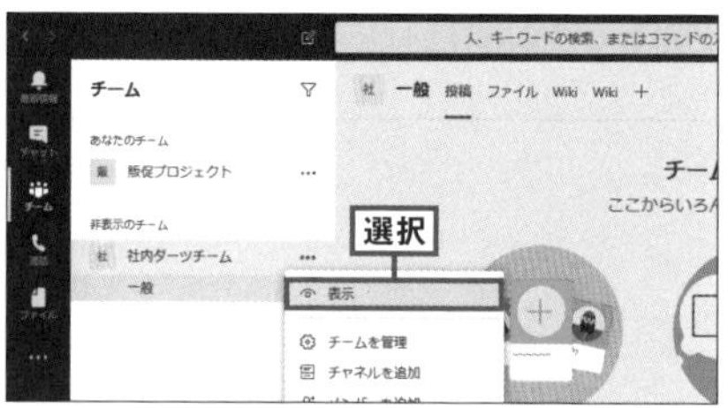

図4 今度はメニューに「表示」の項目が示されるので、これを選べば再度表示される

終わったプロジェクトのチームはアーカイブ

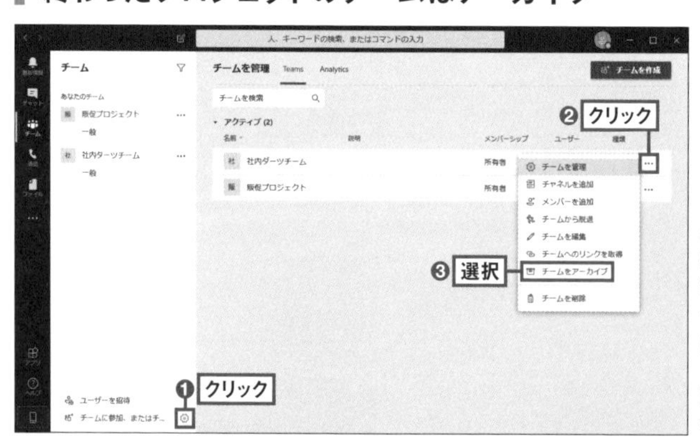

図5 左で「チーム」を選んだ状態で、下部の歯車の設定アイコンを選ぶとチームの管理画面に。アーカイブしたいチームの右の「…」のメニューをクリックし、プルダウンから「チームをアーカイブ」を選ぶ

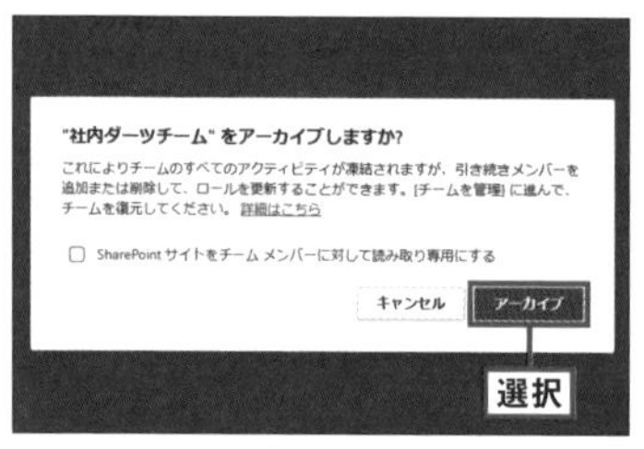

図6 開いたダイアログで「アーカイブ」を選ぶ

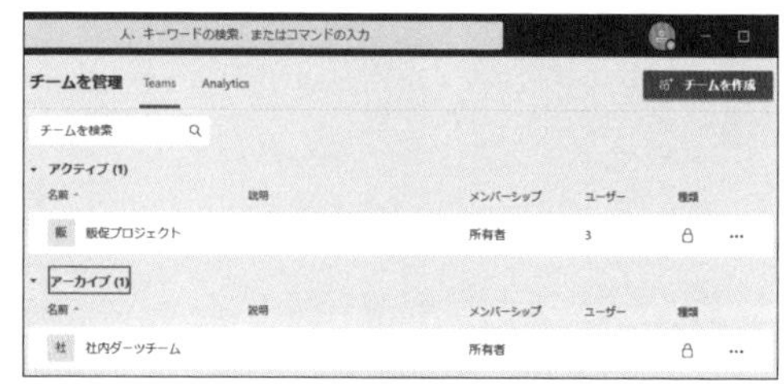

図7 チーム管理画面で確認すると、選択したチームがアーカイブに格納されたことが分かる

情報共有には役立つ。しかし、日常的に利用しなくなったチームは日々のコミュニケーションには不要だ。そうしたときは「アーカイブ」の機能を使おう。チームの画面で左下の歯車形の設定アイコンを選び、右画面のチーム名称の右の「…」をクリックして、「チームをアーカイブ」と進めば、日々の利用がなくなったチームを整理することができる（**図5～図7**）。

スマホの場合

チームの表示／非表示の切り替えは簡単

より画面が狭く感じるスマホの方が、チームの表示を整理して使いたくなるかもしれない。スマホからは直感的にチームの表示と非表示を切り替えられる。「チーム」の画面で「すべてのチームを表示」を選び、左のチェックを外せば画面から表示が消える（**図8～図10**）。

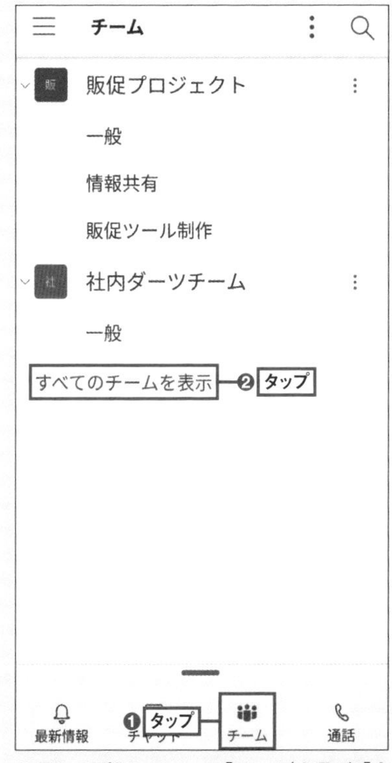

図8　下部のメニューで「チーム」を選び、「すべてのチームを表示」をタップする。登録されているチームの一覧を表示する

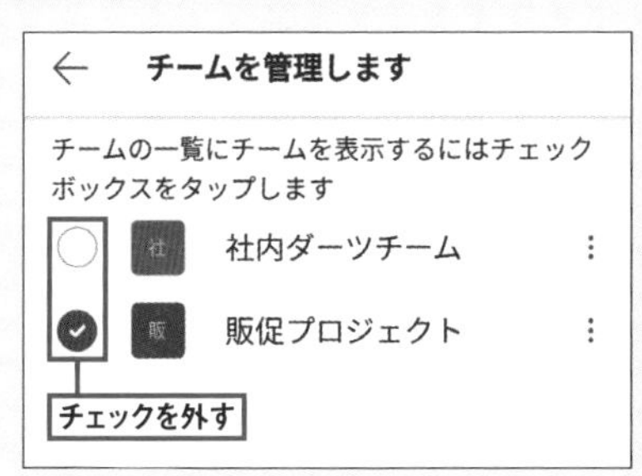

図9　チームの一覧が表示されるので、非表示にしたいチーム名の左のチェックを外す

図10　選択したチームが非表示になる。元に戻したいときも図8、図9と同じ手順でチェックを入れればOK

チャネルを活用する

チームの傘下で業務に即したコミュニケーションをまとめる「チャネル」も、チームの活用と似たような手順で利用できる。チームの下にチャネルを作るときは、チームの画面のチーム名の右の「…」をクリックして、「チャネルを追加」を選び、チャネル名称などを入力すればよい（**図1～図3**）。作成したチャネルの情報の編集は、チャネル名の右の「…」から「このチャネルを編集」を選ぶだけだ（**図4、図5**）。

業務に深く関連するコミュニケーションをするチャネルは、「通知」で投稿を知らせ

チャネルを作る

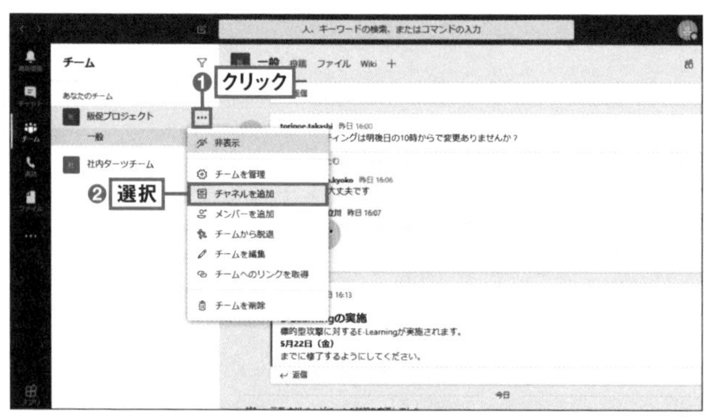

図1　チームの中に「チャネル」を作る。目的のチーム名の右側の「…」をクリックし「チャネルを追加」を選ぶ

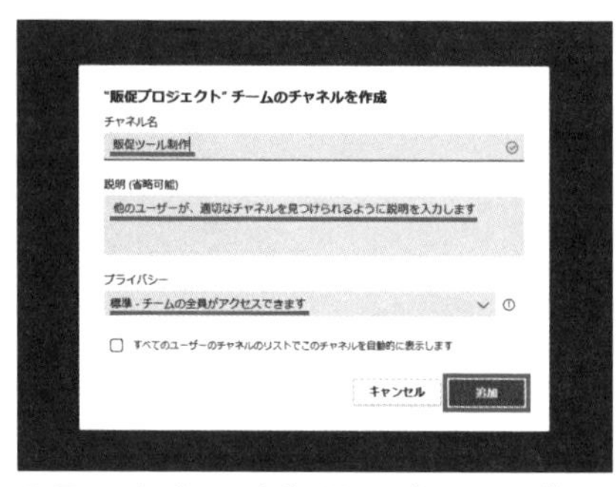

図2　チャネルの名称、説明、プライバシー※を設定し、「追加」をクリック

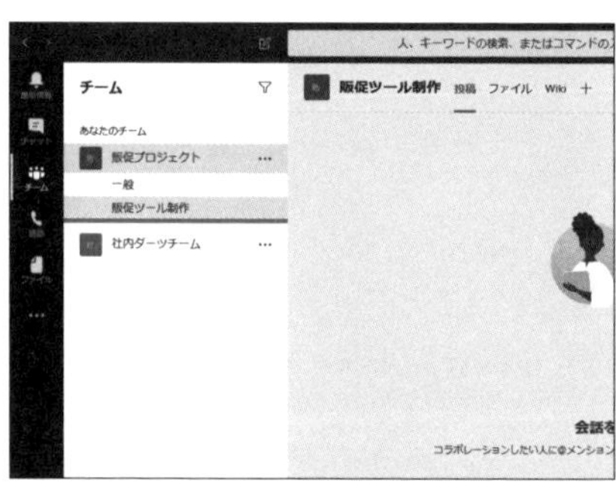

図3　チームにデフォルトで存在する「一般」チャネルと並んで、追加したチャネルが表示される

※プライバシーの設定で「プライベート」を選ぶと、限られたメンバーだけのチャネルを作成できる。チームの他のメンバーからはチャネルの存在も見えない。

てもらおう。チャネル名の右の「…」で開くメニューの「チャネルの通知」を選び、通知方法を選択すれば投稿の見落としを減らせる（**図6、図7**）。「お知らせ」のような用途のチャネルで投稿者を「所有者」に制限したり（**図8、図9**）、チャネルの表示／非表示の切り替えやピン留めで表示を整理したりすることもできる（**図10～図12**）。

チャネルの情報を編集する

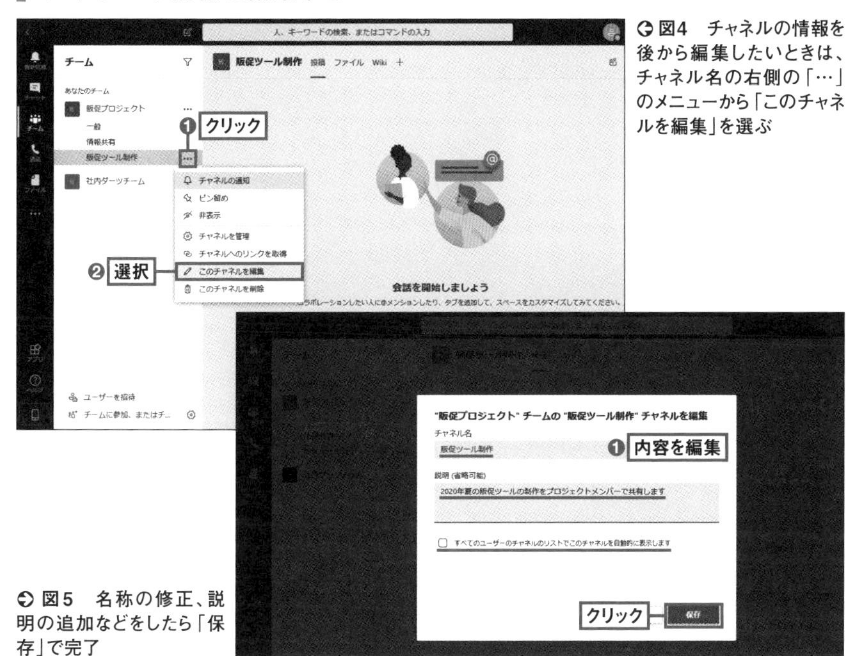

図4　チャネルの情報を後から編集したいときは、チャネル名の右側の「…」のメニューから「このチャネルを編集」を選ぶ

図5　名称の修正、説明の追加などをしたら「保存」で完了

チャネルの通知を設定する

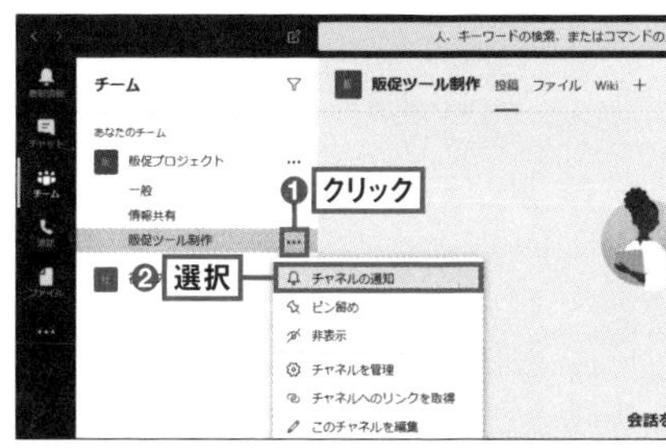

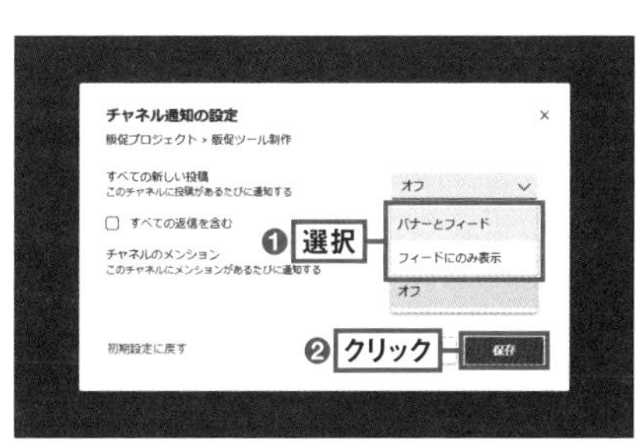

図6　チャネルに投稿があったときの通知の設定は、プルダウンメニューから「チャネルの通知」を選ぶ

図7　通知を「バナーとフィード」の双方にするか、「フィードにのみ表示」するかを設定し、「保存」

チャネルの投稿を制限する

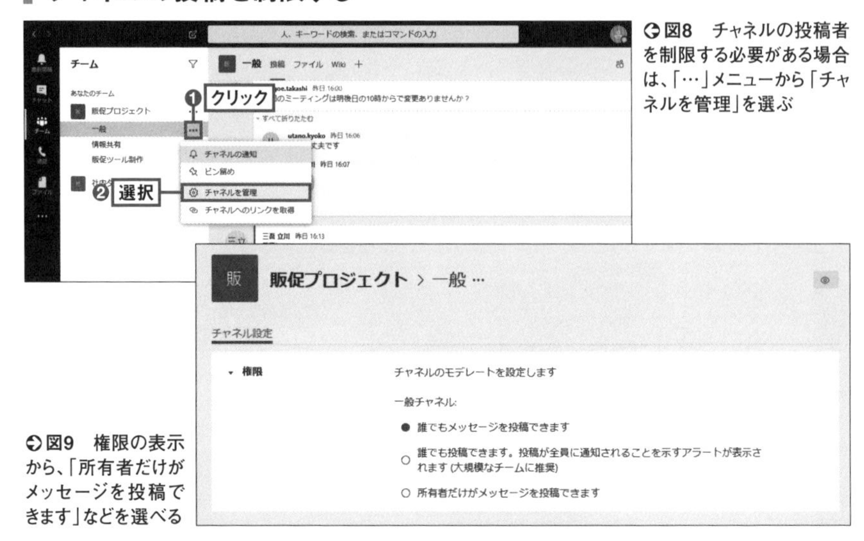

図8　チャネルの投稿者を制限する必要がある場合は、「…」メニューから「チャネルを管理」を選ぶ

図9　権限の表示から、「所有者だけがメッセージを投稿できます」などを選べる

チャネルを非表示にする、ピン留めする

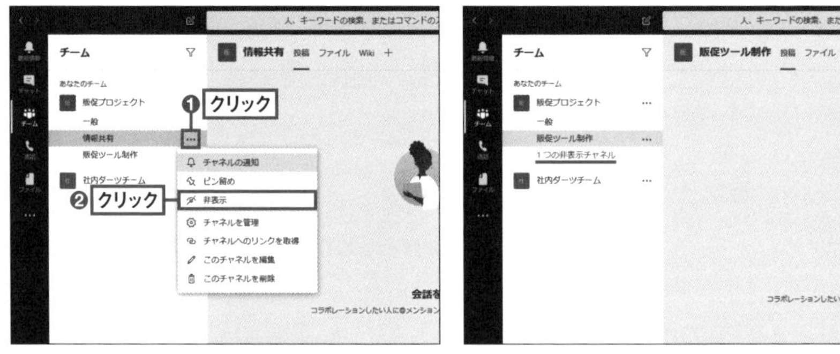

図10　チームと同様、プルダウンメニューから「非表示」を選ぶことで、チャネルも非表示にできる

図11　チャネルがたくさんあるようなときに、必要なチャネルだけの表示に限定できる

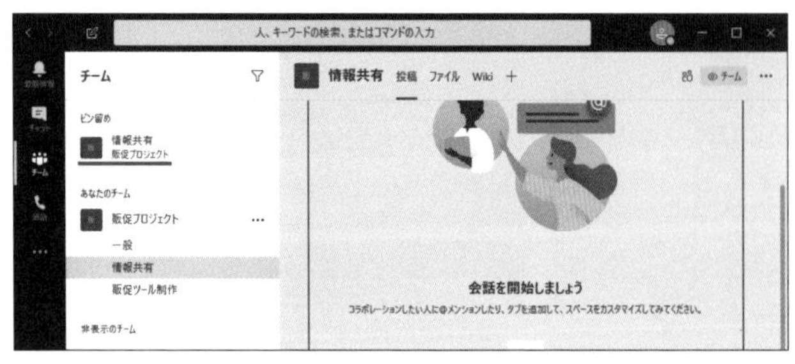

図12　図10で、「非表示」の上の「ピン留め」を選ぶと、チームのリストの一番上に選んだチャネルが「ピン留め」される

チャネルの作成や設定も可能

チャネルの設定などの操作もスマホから簡単にできる。チーム画面で、管理したいチャネルがあるチーム名の右の「：」をタップし、「チャネルを管理」を選択すると、チャネルの新規作成や表示／非表示の切り替えが可能（**図13～図15**）。さらにメニューからチャネルの削除などもできる（**図16**）。

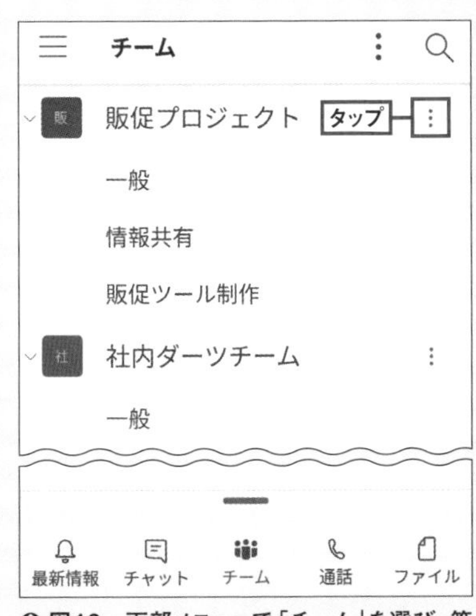

図13　下部メニューで「チーム」を選び、管理したいチャネル名の右側の「：」をタップ

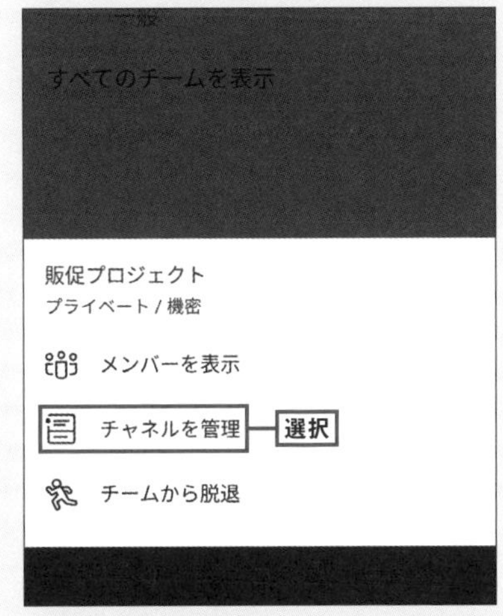

図14　開いた画面のメニューから「チャネルを管理」を選択する

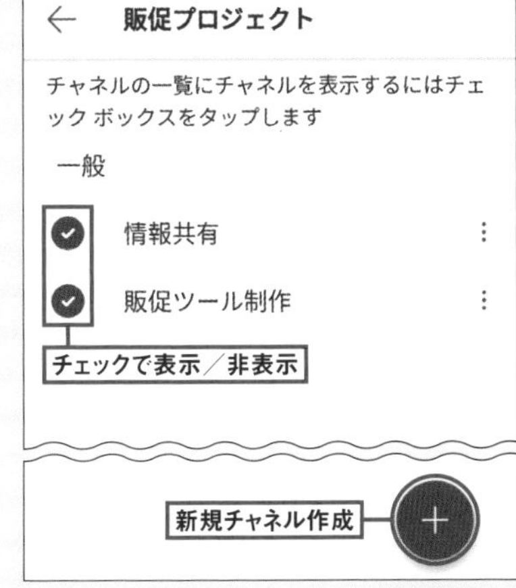

図15　右下の「＋」をタップすると新しいチャネルを作成できる。表示／非表示の切り替えは左のチェックで

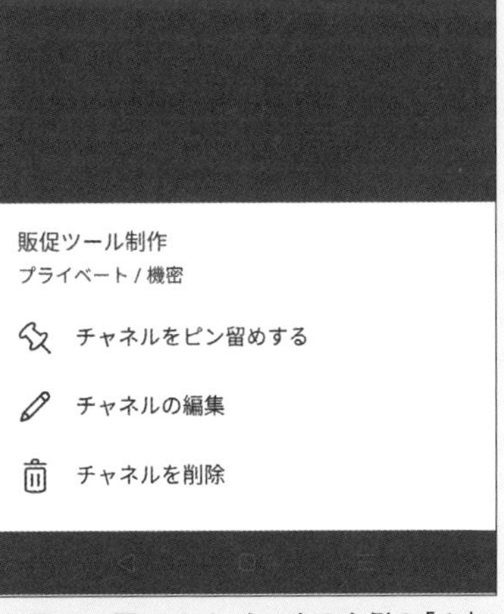

図16　図15のチャネル名の右側の「：」メニューを選ぶと、「チャネルの編集」「チャネルの削除」などが可能

第4章

メッセージをやり取りする

●Microsoftの公式動画（Teams使い方マニュアル）
『04-03 投稿する文字に書式を設定する』
https://youtu.be/9CpfAtj7SIE

Section 01

メッセージを投稿してみよう

チームの作成を終えたら、メッセージの投稿へとステップを進めよう。メッセージの投稿はチームのメンバー間の新しいコミュニケーションの基本である。投稿したメッセージは、チームおよびチャネルのメンバー全員が閲覧できるため、同じ業務に関わるメンバーの情報共有がスムーズに進む（**図1**）。

Teamsに作った各チームには、初期状態で「一般」のチャネルが設けられている。特別なチャネルを作成していないときは、チームのメンバー全員が利用できる「一般」が利用できる。自分たちの使い勝手に合わせてチャネルを作成した場合は、チーム名の下の「一般」のさらに下にチャネル名称が並ぶ。一般またはその他のチャネル名称をクリックして選び、そのチャネルごとにメッセージをやり取りする形態となる。

実際にメッセージを投稿するときは、画面右側にある入力欄に文字を入力する。LINEやTwitterなどでもおなじみのメッセージの入力方法なので、迷うことはないだろう。メッセージを入力し終えたら、紙飛行機型の「送信」アイコンを押す（**図2**）。これで送信が完了。送信したメンバーのTeams画面では、自分のメッセージの左側に

チーム内でメッセージをやり取り

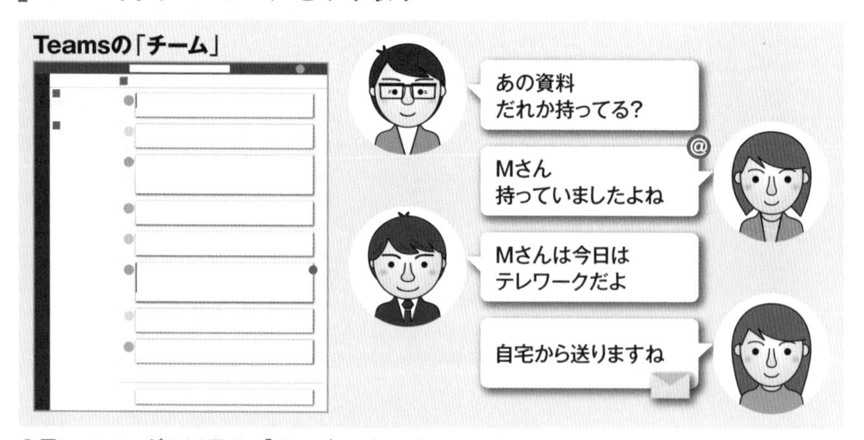

図1　メッセージのやり取りで「チーム」のコミュニケーションを円滑に

青いバーが表示される（**図3**）。メッセージを受け取ったほかのメンバーの画面にはバーはなく、どのメッセージが自分が投稿したものかを判別できる（**図4**）。

メッセージに返信するときは、表示されたメッセージのすぐ下の「返信」の欄に入力する。送信アイコンをクリックすれば返信できる（**図5～図7**）。当たり前のようだが、「返信」を使うことがTeamsのメッセージを有効に活用する1つのポイントだ。「返信」によって複数の会話が1つのスレッドとして管理され、チャネル内のコミュニケーションをまとまりとして読み取れるようになる。さらに下の「新しい会話を開始します。……」の入力欄に返信してしまうと、直前のメッセージとの関連が途切れてしまうので、LINEなどで最も下の入力欄に書き込むスタイルに慣れている人は注意したい。

メッセージを送信する

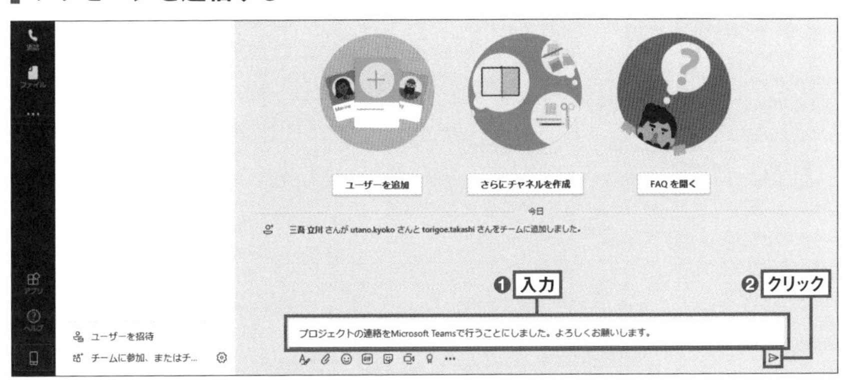

図2　メッセージの文字を入力し、紙飛行機形の送信アイコンをクリックして送信

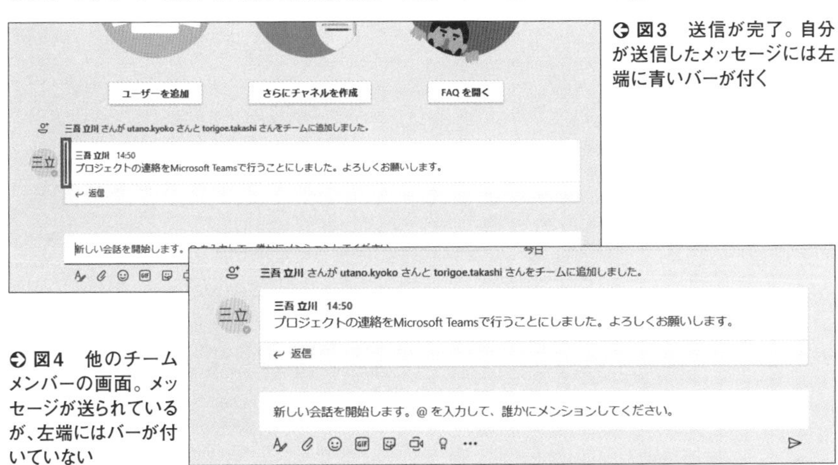

図3　送信が完了。自分が送信したメッセージには左端に青いバーが付く

図4　他のチームメンバーの画面。メッセージが送られているが、左端にはバーが付いていない

メッセージに返信する

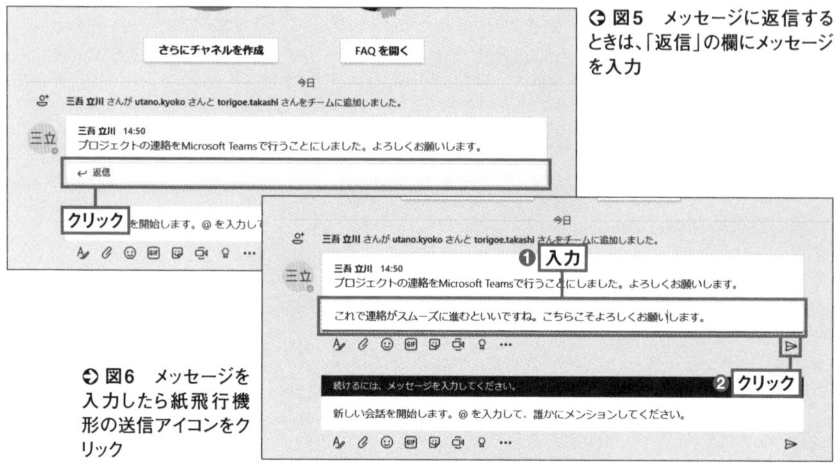

図5 メッセージに返信するときは、「返信」の欄にメッセージを入力

図6 メッセージを入力したら紙飛行機形の送信アイコンをクリック

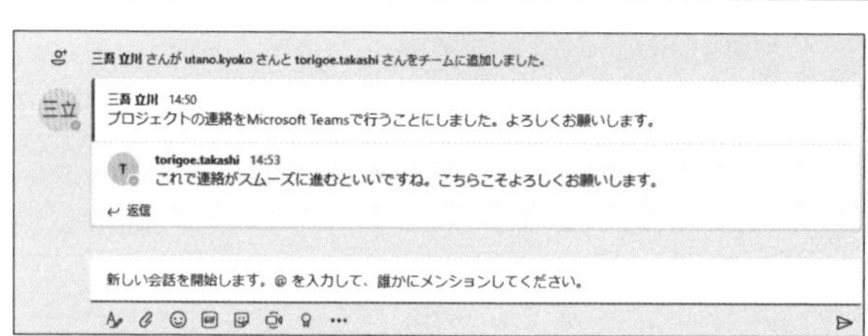

図7 元のメッセージを送信したメンバーの画面。返信が表示された

スマホの場合

コンパクトにメッセージを表示

Teamsはデバイスにかかわらず、同じコミュニケーション環境を利用できることが大きなメリットだ。外出先や移動中のスマホでもメッセージを確認したり、簡単に返信したりできる。画面はパソコンよりもコンパクトで、メッセージのやり取りに特化したユーザーインタフェースになっている（**図8**）。

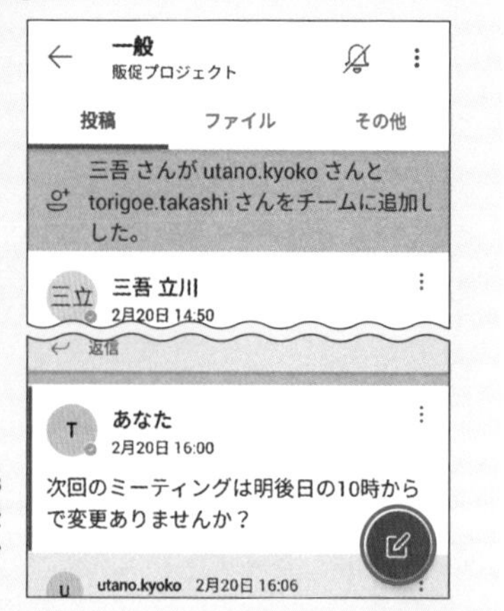

図8 スマホのTeamsアプリでメッセージを表示。右下のペンのアイコンで新規メッセージを作成

メッセージにアクセントを付ける

やり取りするメッセージは、仕事とはいえ「文字だらけ」だと単調になるし、癒やしを感じることも少ない。Teamsでは入力欄の下に並んだアイコンをクリックすることでメッセージにさまざまなアクセントを付けて送ることができる。

もっとも手軽に気持ちを表現できるのが、おなじみの「絵文字」だ。絵文字を示すニコニコマークをクリックすると、多くの絵文字が一覧表示される（**図1、図2**）。これら

絵文字で気持ちを伝える

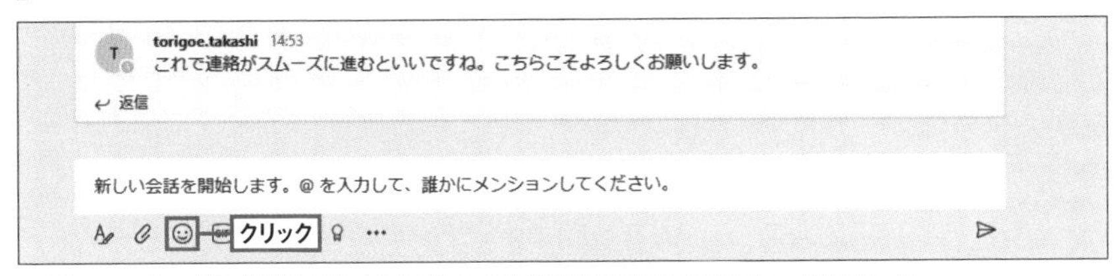

図1 メッセージ入力欄の下にあるアイコンから絵文字を示すニコニコマークをクリック

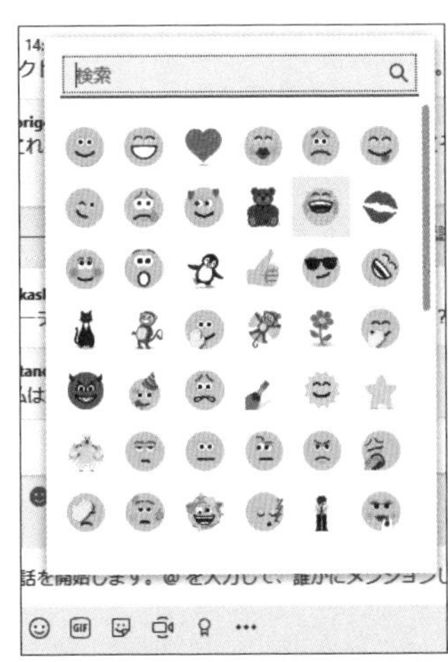

図2 絵文字が一覧表示されるので選択する。検索窓に「泣く」などと入力して検索することでも表示できる

図3 選択した絵文字が入力欄に表示された。図1で見えている入力欄右下の送信アイコンをクリックして送信

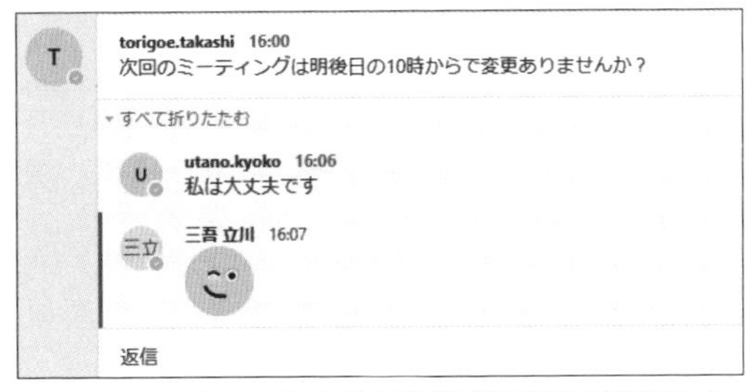

図4 チームのメンバーに絵文字（動く絵文字）が送信された

の中からメッセージのやり取りに適した絵文字を選んで送信すれば、テキストを打たなくても気持ちを伝えることができる。絵文字はアニメーションで少し動きがあるので、メッセージを楽しくする効果もある（**図3、図4**）。

メッセージには是非、件名を付けたい。件名を付けることで、メールをスレッド化できるため、話題が分散しにくく、後から投稿を読みやすくなる。また、検索時に件名を使った絞り込みができるなど、メリットが多い。この場合は「Aとペン」の書式アイコンをクリックして、「件名を追加」にタイトルとなる文字を入力する。メッセージの上部に太字でタイトルが表示され、受け取ったメンバーの視認性を高められる。さらにメッセージ内で強調したい文字があったら、文字列を選択した後に太字の「B」、斜体の「I」などを選べばよい（**図5〜図7**）。

件名を付けて分かりやすく

図5　「Aとペン」のマークのアイコンをクリック

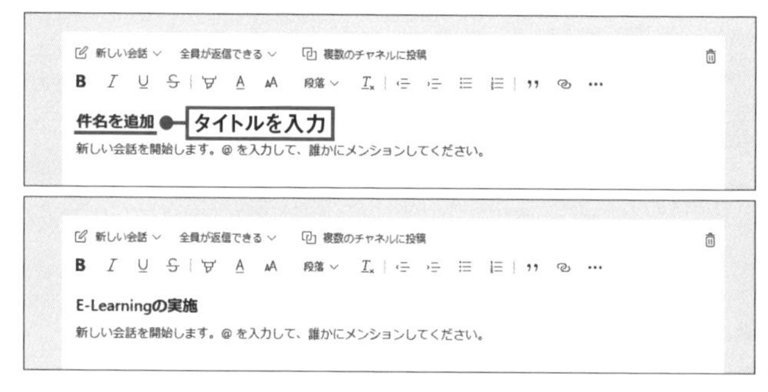

図6　入力欄が広がり、「件名を追加」と表示される。その部分にタイトルを入力する

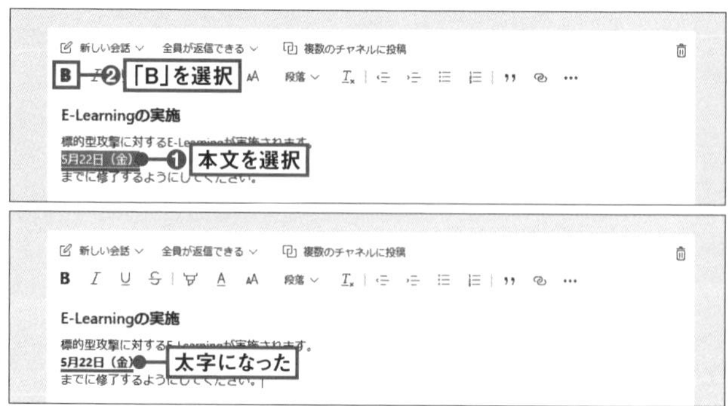

図7　タイトルの下部に本文を入力。文字を選んで「B」を選ぶと太字に変わる

タイトルを付けたくらいでは物足りず、もっと重要度をアピールしたい！　というときは、「重要マーク」を付けよう。書式のアイコンをクリックした後に、書式メニュー右端の「…」を選ぶと、「重要をつける」メニューが現れる。これを選ぶと、メッセージの左端に赤い帯が付き、右端には赤い「!」マークが表示される。また、重要マークが付いたメッセージが未読の場合は、左側のチーム、チャネルの一覧の当該部分にも赤い「!」マークが付いて注意を促す。青が基調のTeamsのユーザーインタフェースの中で、赤いマークがあるとかなり目立つので、覚えておきたいワザだ（**図8～図10**）。

重要マークを付けて目立たせる

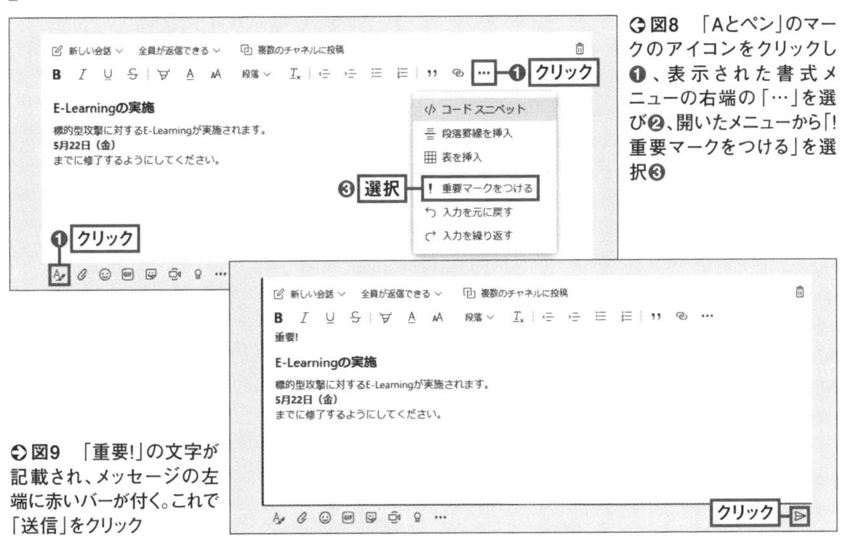

図8　「Aとペン」のマークのアイコンをクリックし❶、表示された書式メニューの右端の「…」を選び❷、開いたメニューから「! 重要マークをつける」を選択❸

図9　「重要!」の文字が記載され、メッセージの左端に赤いバーが付く。これで「送信」をクリック

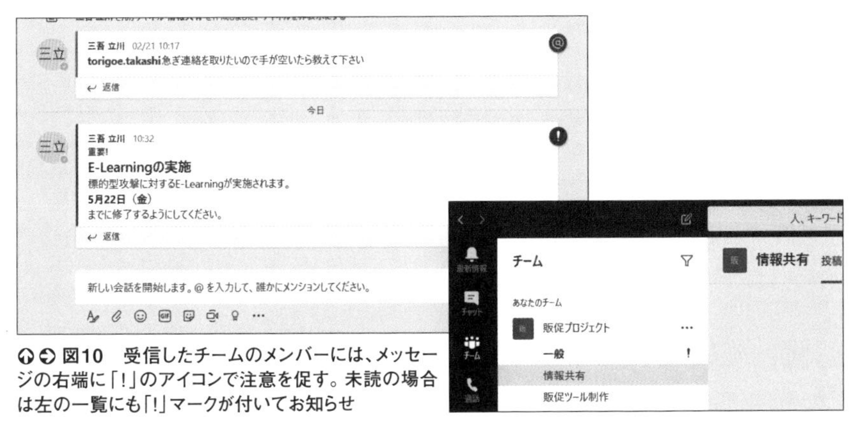

図10　受信したチームのメンバーには、メッセージの右端に「!」のアイコンで注意を促す。未読の場合は左の一覧にも「!」マークが付いてお知らせ

業務のコミュニケーションがメール中心のときには、どうしてもメールの作法に則って「タイトル」「挨拶」「本文」「締め」を文字ベースで示すことが多い。しかし、Teamsのメッセージは、LINEなどと同様に必要最低限の文字と、絵文字の追加や書式の変化で手軽に意思表示ができる。意思表示のために文字を連ねる時間や、相手の状況を確認する時間が短縮できるというわけだ。Teamsのメッセージをうまく使えば、スムーズなコミュニケーションを促進させ、さらに無駄な時間を削れるだろう。

スマホの場合

絵文字や重要マークがきちんと反映

メッセージのアクセントは、スマホでも活用できる。画面上のメッセージには、タイトルや重要マークなどが示される。入力するときは、「Aとペン」の書式アイコンでタイトルや太字の設定、「!」で重要、「…」のメニューから絵文字が選べる(**図11～図13**)。

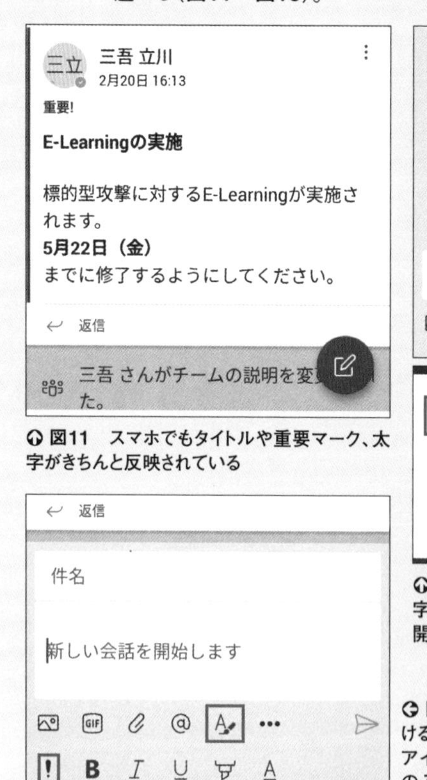

図11　スマホでもタイトルや重要マーク、太字がきちんと反映されている

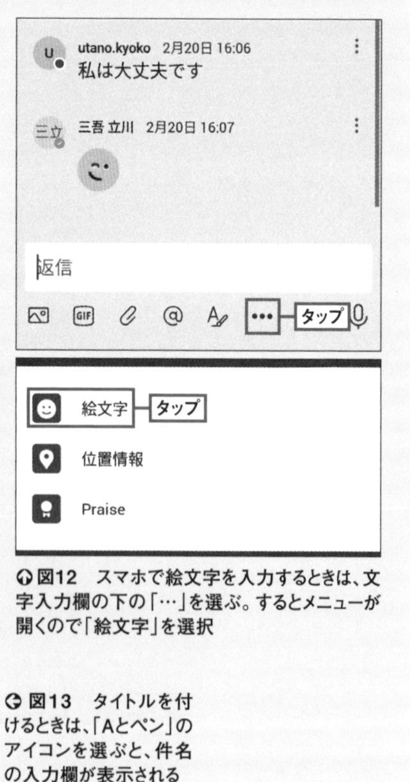

図12　スマホで絵文字を入力するときは、文字入力欄の下の「…」を選ぶ。するとメニューが開くので「絵文字」を選択

図13　タイトルを付けるときは、「Aとペン」のアイコンを選ぶと、件名の入力欄が表示される

Section 03 Teams

ファイルを添付する

チームで共用するメッセージには、ファイルを添付して投稿することで、手軽に情報共有できるようにする仕組みがある。文字のメッセージだけでなく、情報資産としてのファイルをTeams上で手軽に共有できるのだ。

ファイルを添付するときはクリップ形の添付アイコンを選び、コンピューター内のファイルを添付する場合は「コンピューターからアップロード」を選んで、添付するファイルを指定するだけ。このとき「OneDrive」を選ぶと、自分のOneDrive for Business内のファイルを指定できる。送信アイコンを押せば完了だ（**図1、図2**）。

添付ファイルのあるメッセージを受信すると、ファイル名がメッセージ内に表示される。このとき、ExcelやWord、PowerPointなどOfficeアプリで作成したファイルが添

メッセージにファイルを添付

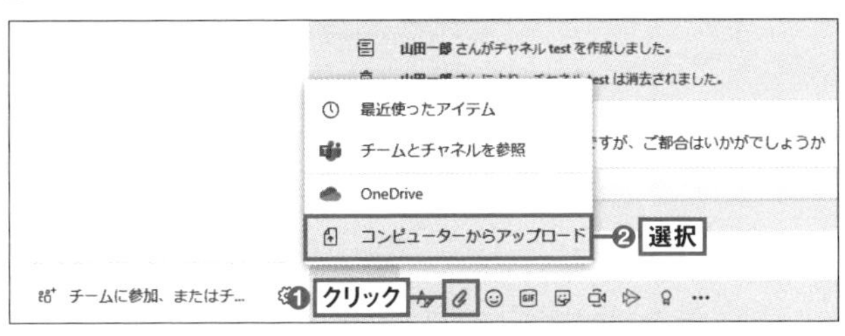

図1　メッセージにファイルを添付するときは、クリップ形の添付アイコンを選び、添付するファイルを指定する。パソコン内のファイルは「コンピューターからアップロード」で指定

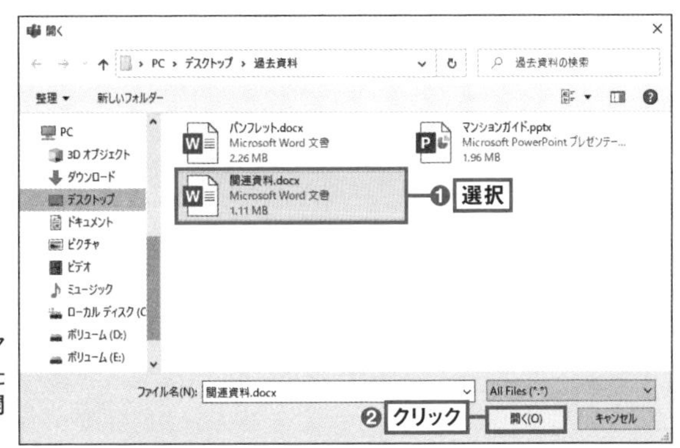

図2　開いたダイアログボックスで添付したいファイルを選択し、「開く」をクリックすればOK

付されていたら、メッセージ内のファイルアイコンをクリックするとTeamsの画面内でファイルの表示や編集ができて便利だ。複数名が同時に編集することもできる（**図3、図4**）。なお、ファイル名の右の「…」をクリックして開くメニューで、ファイルのダウンロードも可能だ。

チームの画面には、右側上部に「ファイル」のタブが用意される。ここで「ファイル」タブに切り替えることで、各チャネルでやり取りした添付ファイルの一覧が表示される。共有したファイルを確認したいとき、いちいちメッセージを探すことなく、スムーズにファイルにアクセスできるため、作業効率を向上させることにつながる（**図5**）。

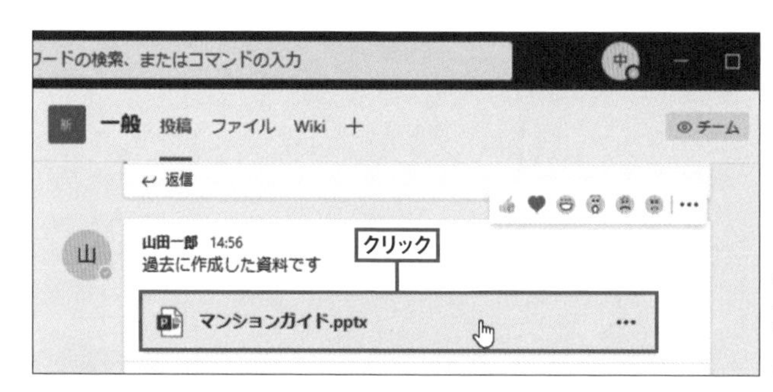

図3　添付ファイルがあるメッセージを受信すると、ファイル名がメッセージ内に表示される

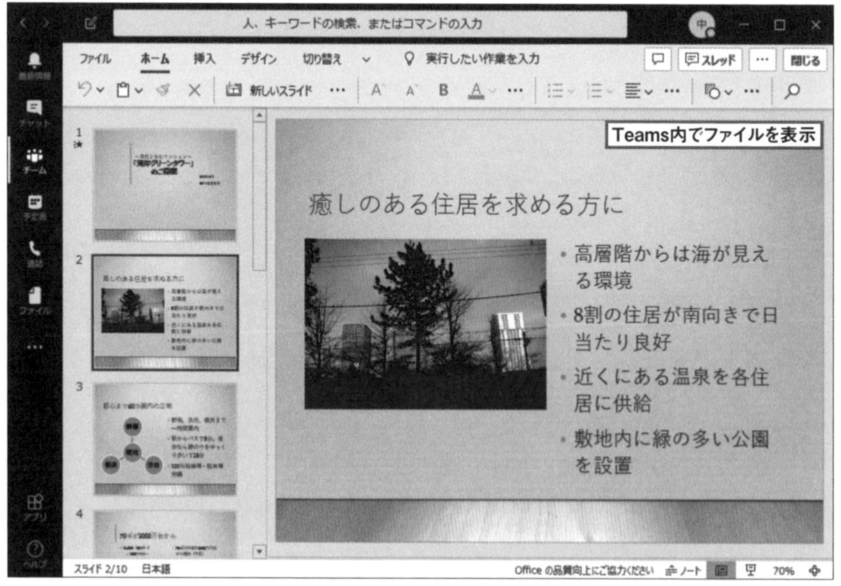

図4　図3で添付されていたものがOfficeファイルだった場合、ファイル名をクリックすると、オンライン版OfficeがTeams内で起動してファイルの内容が表示される

図5　チームのメッセージに添付されたファイルは、画面上部の「ファイル」タブをクリックすることで一覧表示させての管理が可能だ

スマホの場合

スマホからもファイルを送れる

スマホでOfficeファイルを作成したりすることは少ないだろうけれど、ファイルを添付することはできる。クリップ形の添付アイコンをタップして開いた画面左上の「☰」を選ぶことで、「画像」「音声」「最近」などのファイルを添付する操作が行える（**図6～図8**）。

図6　スマホのTeamsアプリでメッセージ作成に進む

図7　パソコンと同様、クリップ形のアイコンを選んで添付の操作を行う

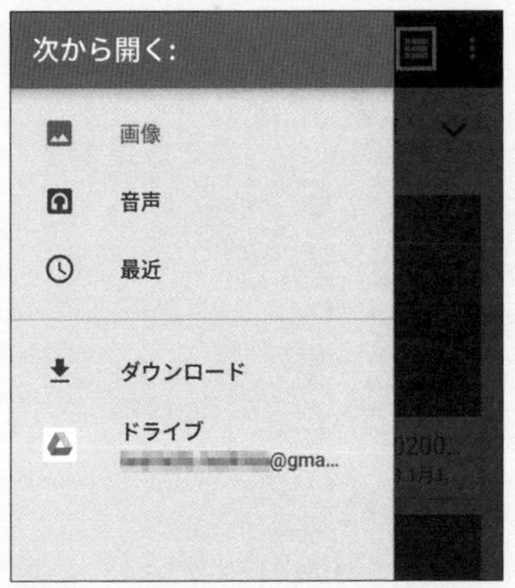

図8　スマホ内の写真や動画などのファイルを選んで添付できる

第4章 Section 03 ファイルを添付する

Giphyやステッカーで気持ちを表現する

ビジネスのコミュニケーションといっても、社内の会話ならば堅苦しいものだけではないはず。Teamsには気持ちを表現するツールがいくつも用意されている。

アニメーションで動くイラストや写真などを送信できる「Giphy」(**図1～図3**)、イラストにカスタマイズした文字を入力できる「ステッカー」(**図4～図6**)、さらに撮影した写真をステッカーとして使える「ミーム」(**図7、図8**)などを駆使して、和やかにコミュニケーションを取ろう。なお、こうした機能は、仕事に遊び心を組み込む効果もあるが、利用実態に応じて、組織全体やチーム単位に許可・不許可の設定ができる。

動くコンテンツGiphy

図1 入力欄の下のアイコンから「GIF」と書かれたアイコンをクリック

図2 Giphyの候補が現れるので、気持ちに合ったものを選択。上の検索窓で検索も可能

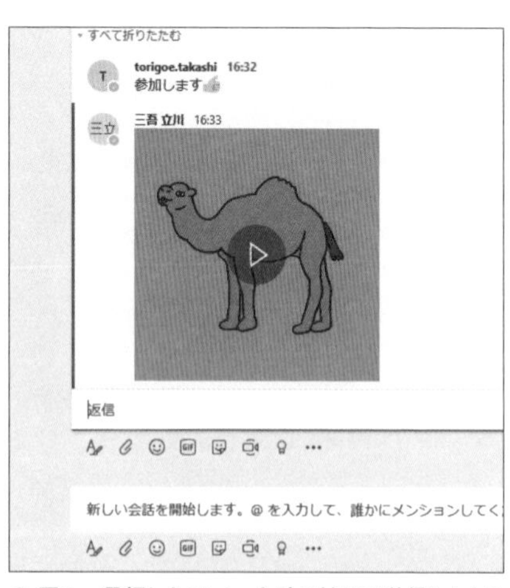

図3 選択したGiphyを貼り付けて送信したところ。動きがあるので気持ちが伝わりやすい

多彩なイラストで楽しめるステッカー

図4　Giphyの右のステッカーアイコンをクリックすると「ステッカー」の候補が現れる

図5　選択したステッカーに吹き出しなどがあるときは文字を自由に入力できる

図6　ステッカーのイラストに自分の気持ちなどの文字を入れた表現ができる

撮影した写真を使えるミーム

図7　ステッカーの左側のメニューにある「ミーム」では自分で撮影した写真も表現に使える。ミームを選んで、右側の「＋」をクリックする

図8　ファイル選択画面で写真を選び、キャプションを入力する（左）。「完了」を選ぶと、パーソナルな写真メッセージが送れる（下）

特定の相手に伝える「メンション」

「チーム」「チャネル」のコミュニケーションが社内で定着してくると、多くのメッセージが飛び交うようになり、届けたい人が送ったメッセージを見てくれないリスクが高まる。そんなときに活用したいのが、「メンション」である。チームのコミュニケーションの中に、直接相手を指定して、通知が届くダイレクトなメッセージを入れ込める。Teams活用の1つのポイントになる機能だ。メンションするのは簡単。メッセージの入力欄に「@」を入力すると、メンションの候補となるメンバー名が一覧表示されるので、そこから選べばよい。メンバー数の多いチームなどで候補にメンバーの対象としたい人が表示されない場合は、名前の最初の何文字か入力すれば候補として表示され

メンションを設定する

今日
三吾 立川 さんがチームの説明を変更しました。
三吾 立川 さんがチャネル 販促ツール制作 を作成しました。 チャネルを非表示にする
三吾 立川 さんがチャネル 情報共有 を作成しました。 チャネルを非表示にする
新しい会話を開始します。@ を入力して、誰かにメンションしてください。
@を入力

図1 入力欄の指示に従い、「@」をまず入力する

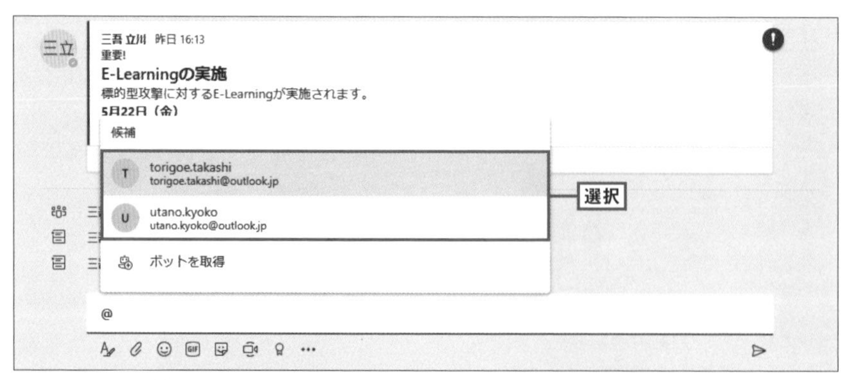

図2 @の入力後、メンバーのリストが表示されるので、メンションしたい相手を選ぶ

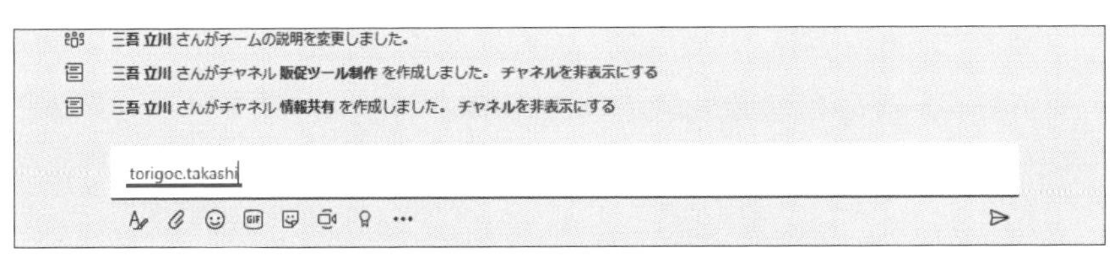

図3　メンションするために選択した相手の名前が入力欄の冒頭に表示される

図4　メッセージを入力する。入力欄の相手の名前の後に、「さん」などと敬称を付けるとより日本的

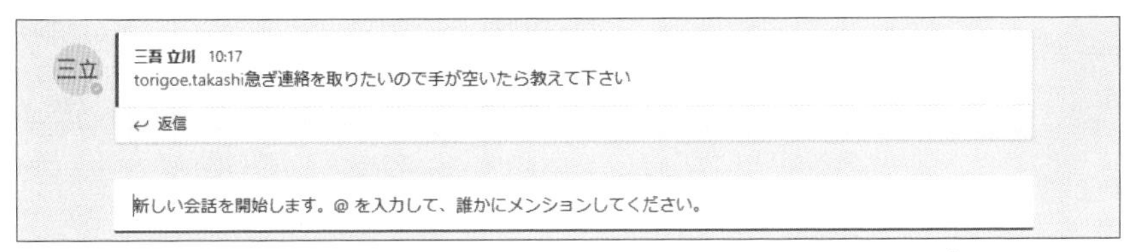

図5　図4で紙飛行機形のアイコンで送信。メンションされた人以外には普通のメッセージに見える

メンションされるとこう見える

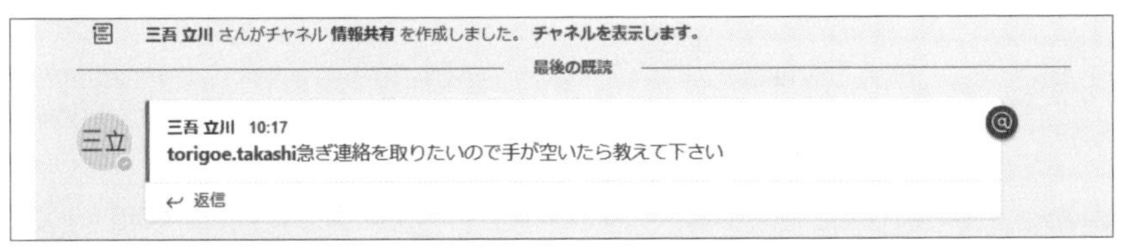

図6　メンションされたメッセージは、左端が赤く示されるとともに右端に「@」マークが付いて、自分宛てのメッセージであることを主張する

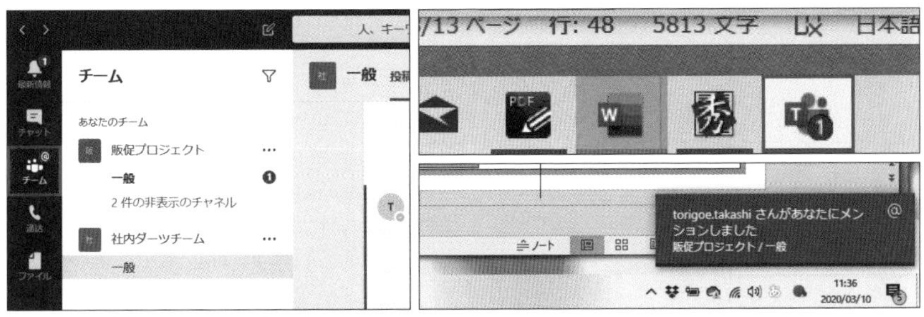

図7　アプリ左側のチーム表示欄、Windowsのタスクトレイアイコン、ポップアップ表示などでメンションされたことが分かるようになっている

る。その後、メッセージを入力して送信するだけだ(**図1〜図5**)。

受信側では、メンションされたメッセージの左端に赤い帯が付き、さらに右端に赤い「@」の印が付いて、注目すべきメッセージであることを主張する。さらに、画面左のチーム名表示、タスクトレイ、ポップアップウインドウなど、各種の方法を駆使してメン

タグでまとめてメンションする

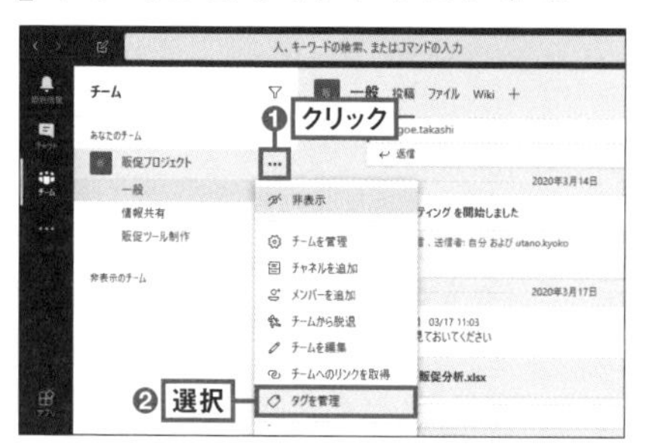

図8 チーム名の右側の「…」をクリックし、メニューから「タグを管理」を選択

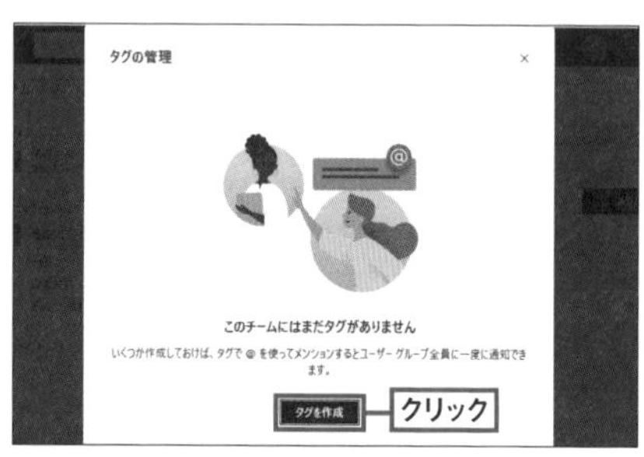

図9 タグを作成する案内画面が表示される。「タグを作成」のボタンをクリックする

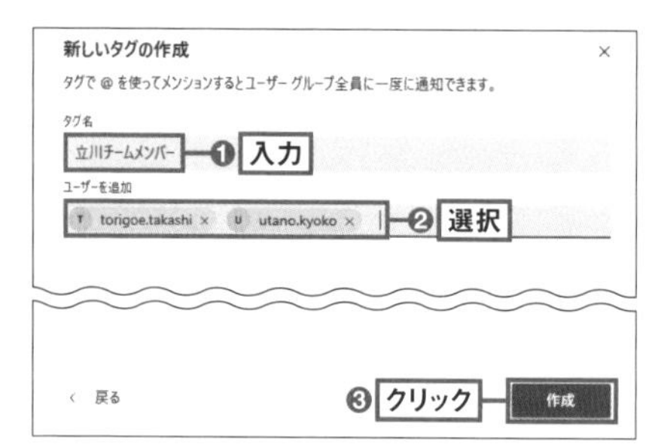

図10 タグ名を入力し、タグで作るユーザーグループに登録するメンバーを選んで「作成」

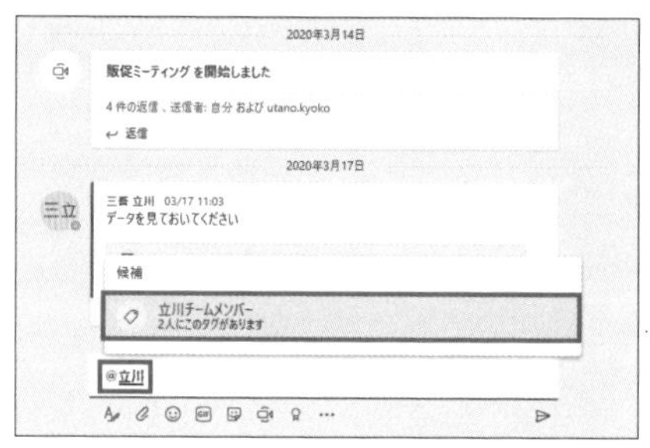

図11 「@」に次いでタグ名の最初の文字を入力してタグを選択。これでタグの全員にメンション可能

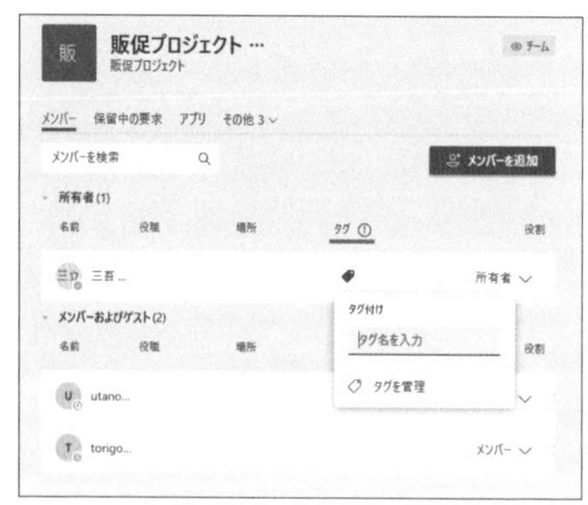

図12 図8のメニューで「チームを管理」を選び、右欄のチームのメンバー一覧の「タグ」欄で登録メンバーを複数選んでタグを作成することもできる

ションされたことを伝えてくる（**図6、図7**）。自分へのメッセージを見落とさずに済む。なお、@ に続けてメンバーの指定を繰り返すことで、複数名に同時にメンションできる。文章の途中からでも @は入力可能。また、@の後にチーム名やチャネル名を記載することで、チーム全員やチャネル全員にメンションもできる。大勢に頻繁にメンションするときは、「タグ」でメンバーをまとめておくとよい。「@」の後にタグ名を入力すると、タグのメンバー全員にメンションできる（**図8〜図12**）。ただしメンションを多用し過ぎると注目の効果が落ちる恐れがあるので、本当に必要なときに使おう。

スマホの場合

スマホでも目立つ「メンション」

スマホのTeamsアプリでも、メンションされたメッセージは、左端の赤い帯と右の「@」で目立つように作られている（**図13**）。スマホからメンションするときは入力欄下の「@」を選ぶとメンバー選択画面に移り、相手を選んだ後にメッセージを入力すればよい（**図14**）。

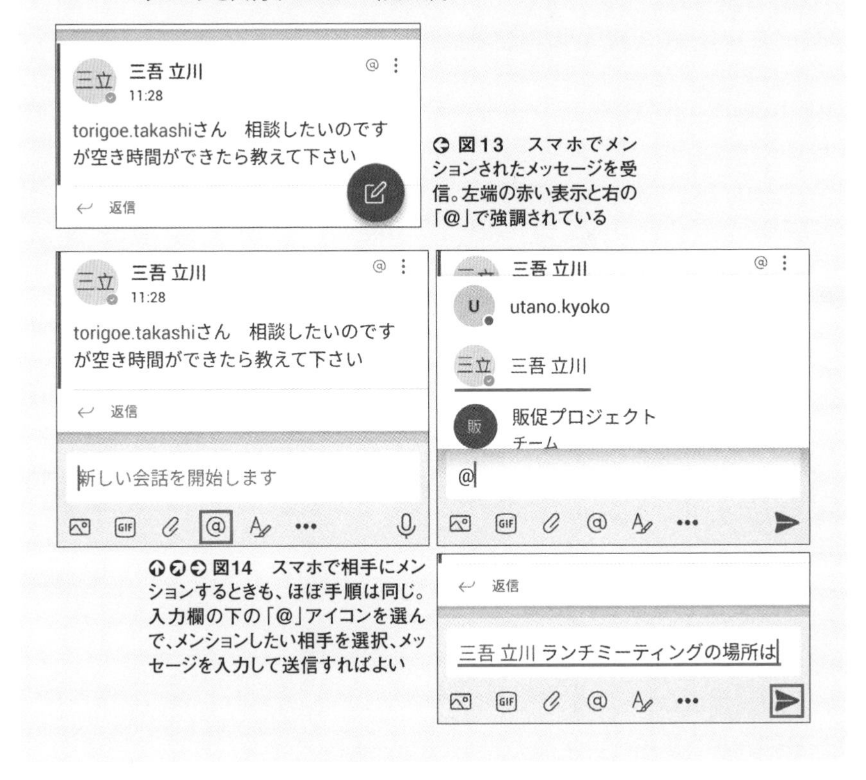

図13 スマホでメンションされたメッセージを受信。左端の赤い表示と右の「@」で強調されている

図14 スマホで相手にメンションするときも、ほぼ手順は同じ。入力欄の下の「@」アイコンを選んで、メンションしたい相手を選択、メッセージを入力して送信すればよい

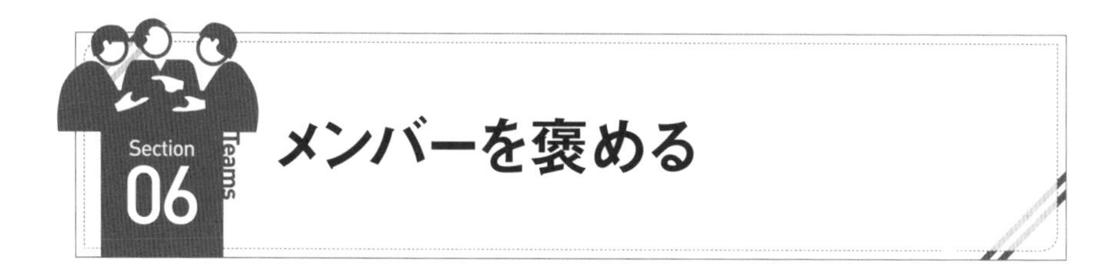

メンバーを褒める

日本のビジネスパーソンが苦手なものの1つに、相手を褒めることがある。照れ臭さが先に立つのか、特に部下を褒めるのは難しい。社内のコミュニケーションインフラとしてTeamsを利用するようになったら、Teamsの機能を使ってメンバーを絶賛し、やる気を引き出してみてはいかがだろう。

褒める（Praise）機能を使うときは、入力欄の下のメダル形アイコンをクリックする。すると褒めるための各種のバッジが並ぶので、ここから相手を褒めるのにふさわし

褒める側ではこう操作する

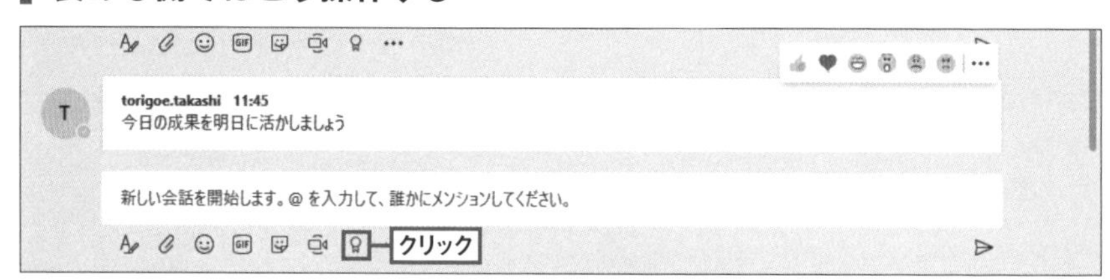

図1　メンバーのメッセージを称賛するときは、入力欄を表示させた上で、下のメダル形の「Praise」（褒める）アイコンを選択

図2　褒める気持ちを表現する「バッジ」の種類が示されるので、適したものを選ぶ

いバッジを選ぶ（**図1、図2**）。次の画面で、テキストのメモを登録し、褒める相手を指定する。プレビュー画面で確認した後「送信」をクリックすれば完了だ（**図3～図5**）。

褒められた側には、「メンション」されたときと同様にポップアップなどで通知がある。Teamsの画面には褒めるバッジとメモが表示され、褒められた人としては承認欲求が満たされるかもしれない（**図6、図7**）。

Teamsのコミュニケーションがいくらスムーズにできるようになったとしても、生身のコミュニケーションにはかなわない部分もある。「褒める」機能などをうまく使って、モチベーション向上や意思疎通を図りたい。

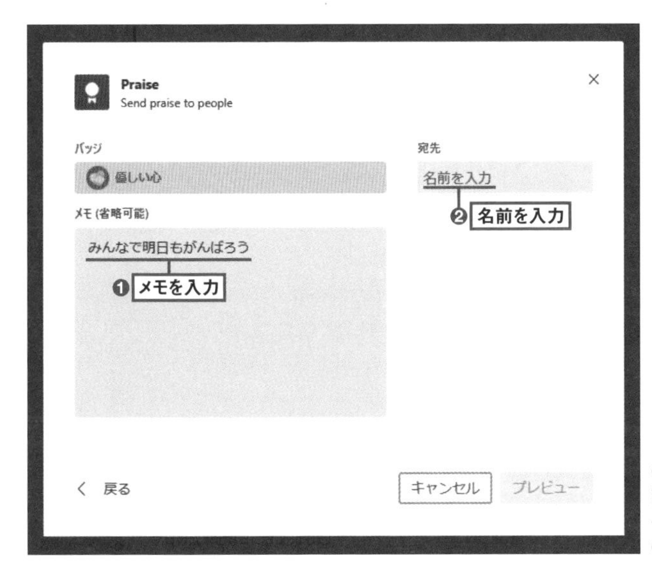

図3　必要に応じて、称賛する気持ちにメモを付けることができる。次いで褒める相手を選択

図4　受信者を登録したら、「プレビュー」ボタンで表示を確認

図5　プレビュー表示された称賛のバッジとコメント。問題なければ「送信」しよう

褒められた側

図6 称賛された場合は、「メンション」されたことになり、メンションのタスクトレイアイコン通知とポップアップがある

図7 投稿もメンションと同様のスタイルで、バッジとコメントが表示される

スマホの場合

スマホからも称賛できる

スマホでも「褒められた」ときは、パソコンと同様にバッジとメモで気持ちを受け取ることができる（**図8**）。逆に、外出先などでスマホでTeamsにアクセスしているときにも、簡単に「Praise」で褒めることができる（**図9**）。気が付いたときにすぐに褒めてあげられるのだ。

図8 スマホで称賛されたコメントを表示。バッジもしっかり表示される

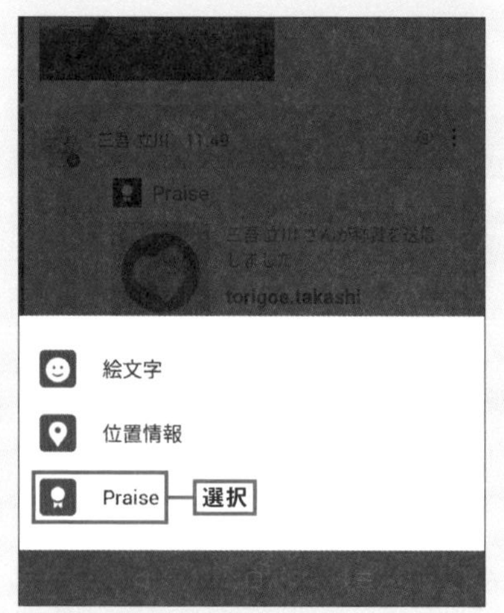

図9 「褒める」場合は、図8の入力欄右下「…」をタップし、メニューから「Praise」を選ぶ

緊急メッセージを目立たせる「アナウンス」

メッセージの中でも、チームの全員に急ぎ周知したいような場合は、「アナウンス」が有効だ。通常のメッセージのやり取りである「会話」とは異なり、大きな見出しとアナウンスを示すメガホンのアイコンで、情報の共有を促す。そのため、アナウンスの送信は会話と少し手順が異なる。

まず、「Aとペン」の書式アイコンをクリックする。すると、入力欄の上に「新しい会話」というプルダウンがあることが分かる。ここをクリックすると「アナウンス」のメニューが登場する（**図1～図3**）。

アナウンスの入力画面では、カラーの背景に大きなフォントの見出しが現れる。見出しの文字を入力し、背景色や写真などを設定した上で、本文を記入して「送信」する（**図4、図5**）。大きな見出しとメガホン形のアイコンで、通常の会話とは異なる印象を与えられる（**図6**）。

アナウンスする

図1　まず入力欄の下の「Aとペン」アイコンを選ぶ

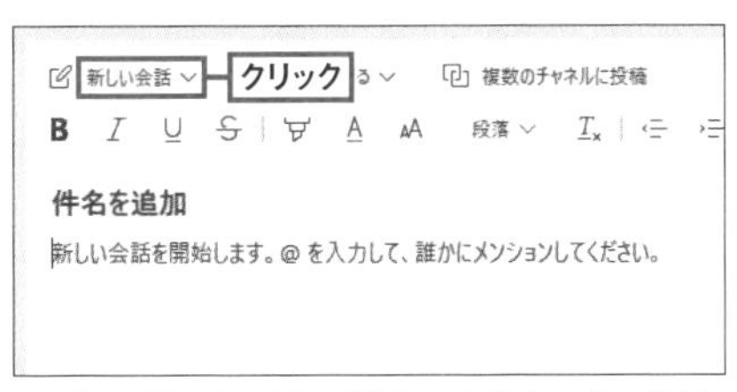

図2　開いた画面で「新しい会話」のプルダウンをクリック

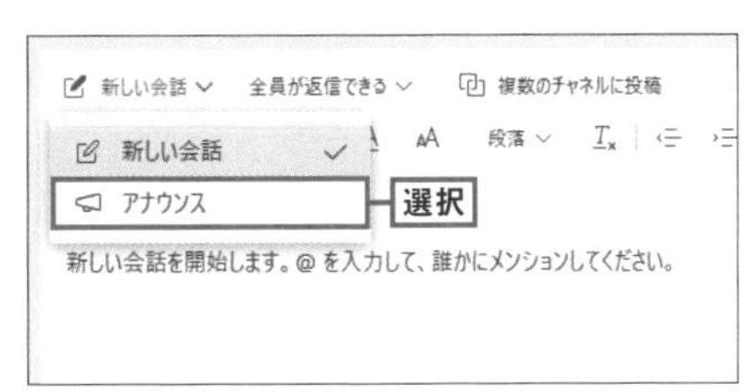

図3　開いたメニューから「アナウンス」を選ぶと次の画面に

図4　アナウンス入力画面。まずは告知する見出しを入力。右端のアイコンで、見出しの背景色を変えたり、画像を貼り込んだりすることもできる

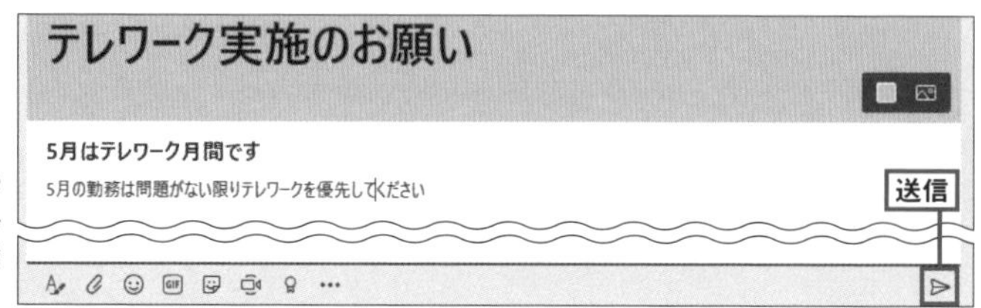

図5　アナウンスの見出し、内容を入力したら、右下の紙飛行機形のアイコンで送信

図6　アナウンスを受信したところ。メッセージの右側にメガホン形のアイコンで示される

スマホの場合

スマホでアナウンスも確認

スマホでTeamsを利用している場合でも、アナウンスによる一斉通知は目立つ形で表示される。背景色と大きな文字の見出し、アナウンスのメガホンマークがパソコンと同様に示されるので、見落とさずに済みそうだ（**図7**）。なおスマホからアナウンスを投稿することは原稿執筆時点ではできないようだ。

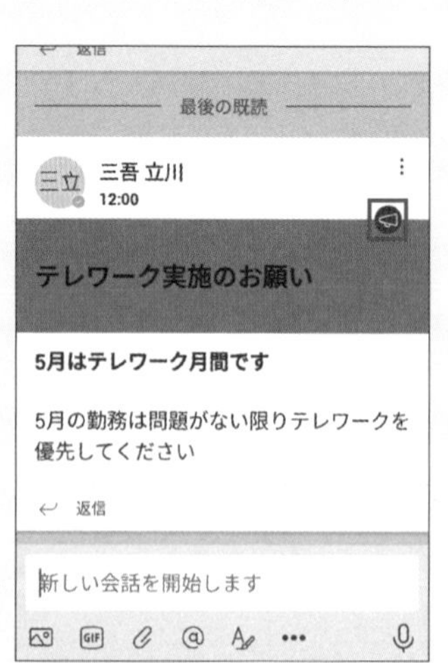

図7　スマホでも同様にアナウンスをしっかり確認できる

さまざまな「いいね!」でリアクションする

SNSに慣れ親しんだ人にとって、「いいね!」をもらうことはビジネスであってもうれしいこと。投稿にリアクションする側も、言葉を連ねることなく手軽に気持ちを表現でき、コミュニケーションがスムーズに進む。

Teamsにも「いいね!」の機能が用意され、手軽な気持ちのコミュニケーションができる。Teamsには「いいね!」のアイコンなどはなく、メッセージの上にマウスポインターを移動すると、右上に「いいね!」を含む絵文字のリストが表示される（**図1**、**図2**）。ここでマークを選べばOKだ。

投稿された「いいね!」はメッセージの右上に表示される。このマークにマウスを重ねると、それぞれのマークが誰からの「いいね!」かが簡単に分かる（**図3**、**図4**）。堅くなりがちなビジネスのやり取りだからこそ、手軽に投稿できて目立ち過ぎない「いいね!」を意思疎通にうまく使おう。

いいね! をする

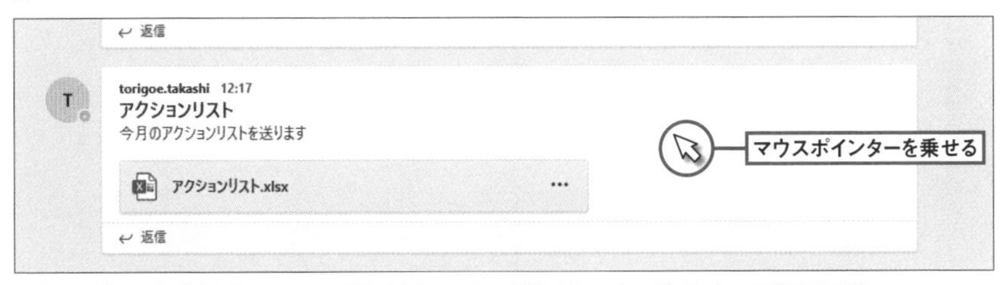

図1 「いいね!」をしたいメッセージを表示。メッセージの上にマウスポインターを移動させる

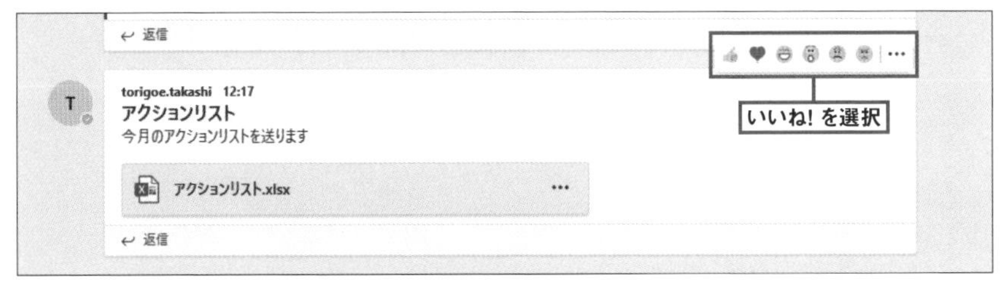

図2 メッセージの右上に各種アイコンが表示されるので、左端の「いいね!」のアイコンを選択

いいね! をされると

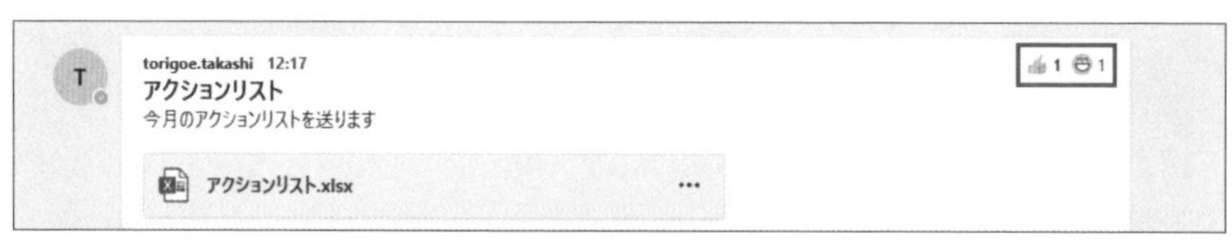

図3　いいね!が付くと、メッセージの右側にいいね!アイコンが表示される。種類ごとに何人がいいね!をしたかも分かる

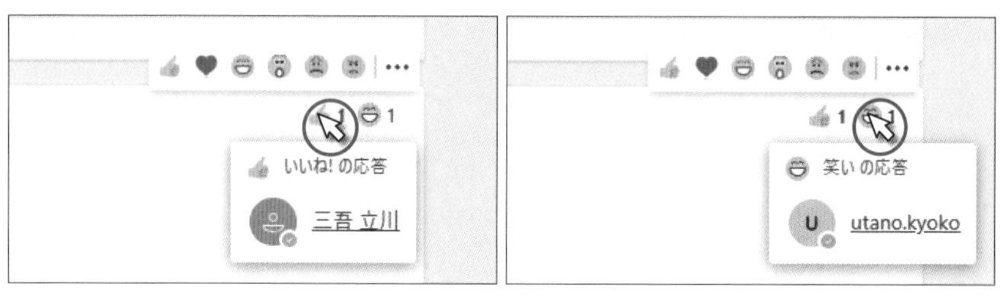

図4　いいね!アイコンにマウスオーバーすると、誰からのいいね!があったかを確認することもできる

スマホの場合

いいね! はスマホでもやり取り可能

スマホでは「いいね!」はメッセージの下に表示される。アイコン部分をタップすれば、誰からの「いいね!」かを確認できる(**図5、図6**)。自分から「いいね!」をするときは、それぞれのメッセージの送信者名の右側にある「︙」をタップして、開いた画面でマークを選ぶ(**図7**)。

図5　スマホのアプリでは、いいね!はメッセージの下部にアイコンが示される

図6　いいね!のアイコンをタップすると、誰からのいいね!かが示される

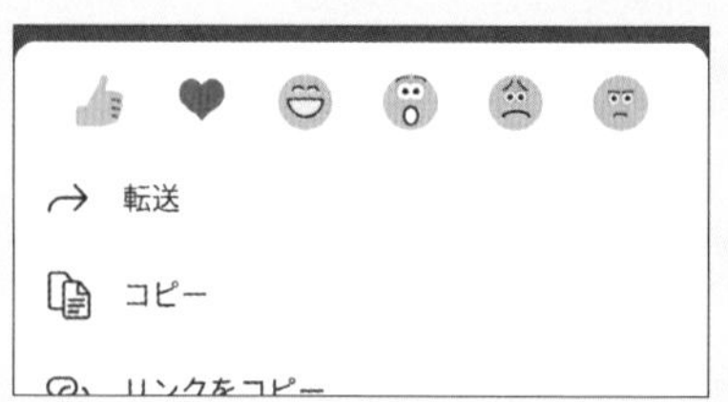

図7　いいね!したいメッセージの右側にある「︙」をタップするとこの画面に。いいね!のアイコンを選べばOK

メッセージの保存や検索で便利に

Teamsでメッセージをやり取りすることに慣れてきたら、便利な使い方を試してみよう。やり取りするメッセージの数が増えてくると、単にTeamsの画面を追いかけているだけでは、欲しい情報にきちんとアクセスできなくなってしまうからだ。

このSectionの最初の便利ワザは、投稿のチェックに使える「最新情報」。左端のメニューの一番上にある鐘の形のアイコンをクリックすると、画面左欄に新しい投稿が順に並ぶ。投稿をクリックすれば、画面右側にメッセージの内容が表示される。これで参加するチームやチャネルが増えても、最新の情報を見逃さずに済む（**図1**）。最新情報の中から、条件で絞り込んで表示させる「フィルター」の機能も用意されている。「未読」「メンション」「返信」などのメッセージの条件を指定することで、簡単にメッセージの絞り込みができる（**図2**）。

大量のメッセージをやり取りするようになると、「あのメッセージはどこにあるかな?」

最近の投稿をチェックする

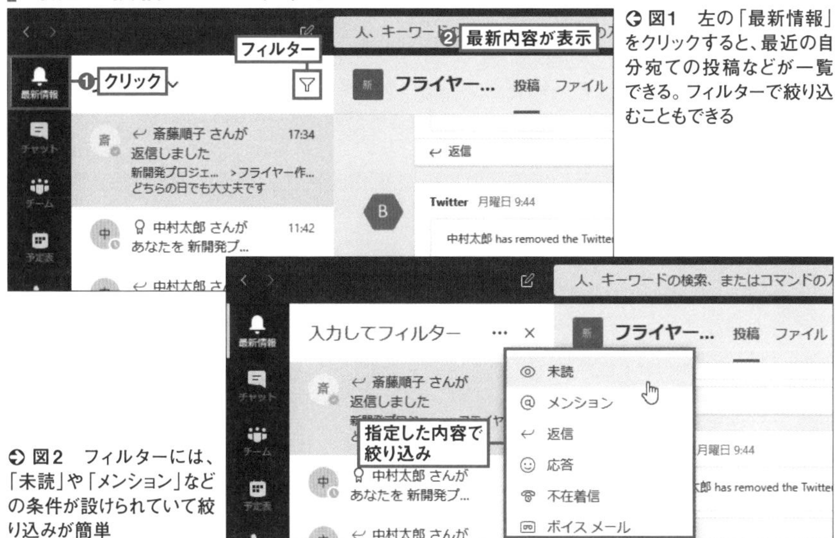

図1　左の「最新情報」をクリックすると、最近の自分宛ての投稿などが一覧できる。フィルターで絞り込むこともできる

図2　フィルターには、「未読」や「メンション」などの条件が設けられていて絞り込みが簡単

といったことも増えてくる。そうしたときに役立つのは、当然のことながら「検索」機能だ。検索のための文字ボックスは、画面の一番上の横長の部分。「人、キーワードの検索、またはコマンドの入力」と示された部分に、キーワードを入力することで、そのキーワードを含むメッセージが左欄に一覧表示される（**図3**）。

キーワードでもまだ絞り込みが足りないような場合は、差出人によって結果を絞り込むこともできる。「メッセージ」タブの下の「差出人」をクリックし、相手の名前の先頭数文字を入力すると候補が現れるので選択すると、指定した差出人からのメッセージだけが表示される（**図4**）。

検索の機能はきっちり備わっているが、現時点の世界最高水準の検索エンジンや

メッセージを検索する

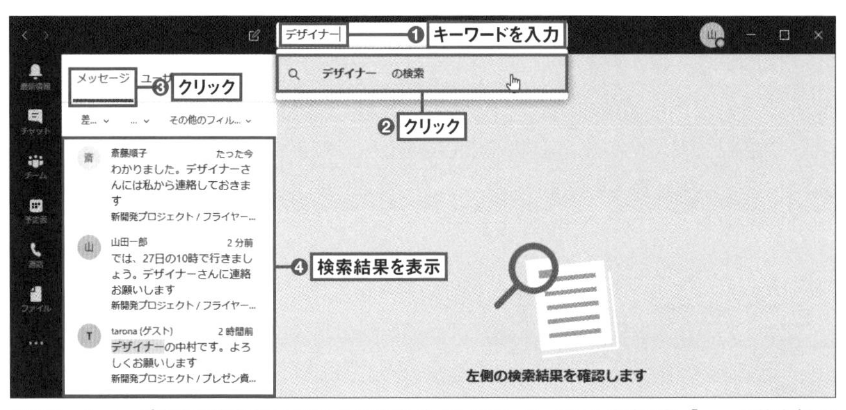

図3 メッセージ内容を検索するときは、上の文字ボックスにキーワードを入力する❶。「……の検索」という選択肢が表示されたら、それをクリック❷。左の一覧で「メッセージ」タブを選ぶと❸、キーワードを含むメッセージが一覧表示される❹

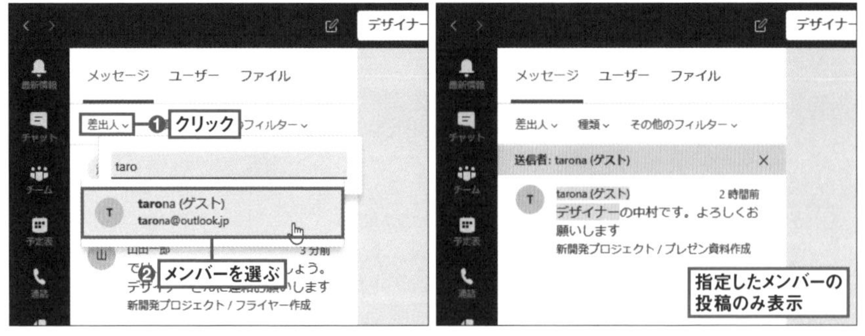

図4 さらに差出人で絞り込みたい場合は、「差出人」をクリック。名前の先頭の文字を入力すると候補が示されるので選択する（左）。検索結果を差出人で絞り込めた（右）

システムと比較すると少々物足りないこともある。正しくキーワードを入れているつもりでも、求める結果が得られないようなことがないとはいえない。そうしたときは、キーワードを変えたり、差出人から検索したりと、少し利用者の側が知恵を使うといいかもしれない。

なお、図3の左上部にある「その他のフィルター」を選ぶと、「件名」「日付」「チーム」「チャネル」などで検索結果を絞り込める。スレッドに件名（タイトル）をしっかり付けて

スマホの場合

最新表示も検索も簡単

スマホの画面でもパソコンと同様に「最新表示」や「検索」を利用できる。最新表示は、画面左下の「最新表示」をタップするだけ。フィルターも使える（**図5**）。検索は画面右上の虫眼鏡形のアイコンで。キーワードを入力することでメッセージの検索ができる（**図6**）。

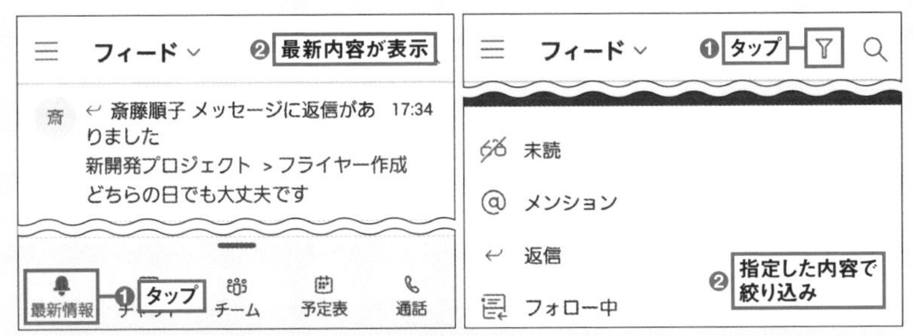

図5　スマホの場合も、下のメニューの「最新情報」をタップすれば最近の情報が得られる（左）。「フィルター」アイコンをタップすれば絞り込みが可能（右）

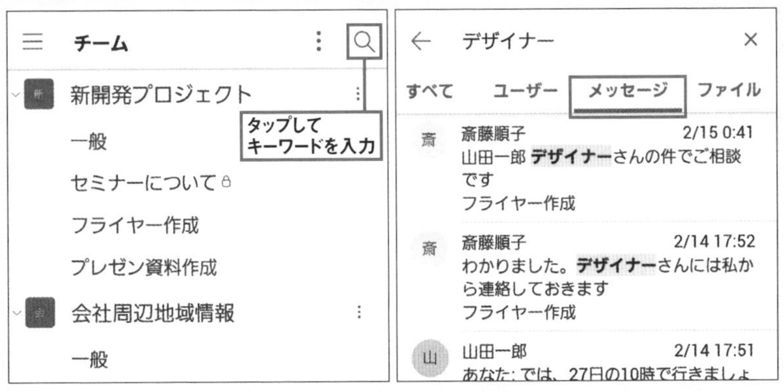

図6　検索する場合は、右上の虫眼鏡形の検索アイコンをタップし、キーワードを入力（左）。表示されたら「メッセージ」タブに切り替えれば、キーワードに該当するメッセージを一覧できる（右）

おくと、キーワード検索では結果が多すぎるようなときも、件名から的確な結果の絞り込みが容易になる。

後からメッセージを確認するとき、「検索」機能を使って探す方法もあるが、重要度が高い投稿や参照することが多いような投稿はいちいち検索したくない。そうしたときに便利なのが、「メッセージの保存」機能である。指定したメッセージを保存しておくことで、参照したいときにすぐに呼び出して見ることができる。

メッセージを保存するときは、Section08の「いいね!」と同様、対象のメッセージの上にマウスポインターを移動させ、右上に表示されるポップアップメニューから「…」を選ぶ。開いたメニューで「このメッセージを保存する」をクリックすれば保存は完了

メッセージを保存する

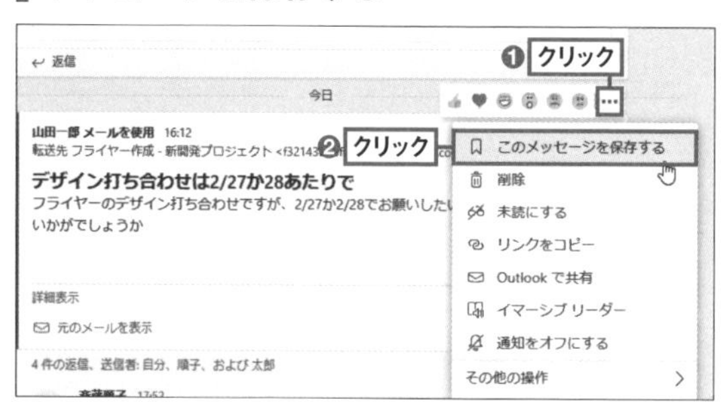

図7 メッセージにマウスポインターを移動させると右上に「いいね!」などのポップアップメニューが表示される。メニューの「…」をクリックし、「メッセージを保存する」を選ぶと保存できる

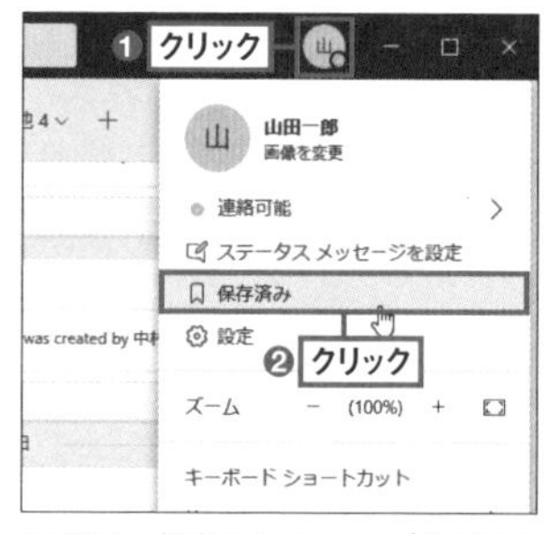

図8 保存したメッセージを見るときは、画面右上の自分のアイコンをクリック。メニューで「保存済み」を選ぶ

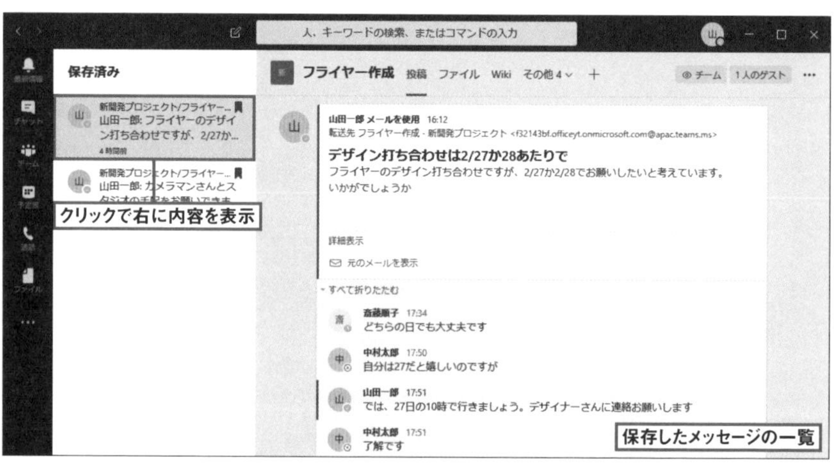

図9 画面左側に保存メッセージの一覧が表示される。クリックすることで内容が表示される

する(**図7**)。

保存したメッセージを見るときは、画面の右側にある自分のアカウントを示すアイコンをクリックし、開いたメニューから「保存済み」を選ぶ(**図8**)。こうすると、画面左欄に「保存済み」と表示され、保存したメッセージが一覧表示される(**図9**)。よく見るメッセージを上手に絞り込んで保存しておくと、仕事の生産性が一層アップすることにつながる。

スマホの場合

「スワイプ」で保存済みをチェック

スマホでメッセージを保存するときは、メッセージの右側の「⋮」をタップし、メニューから「保存」を選べばよい(**図10**)。保存したメッセージを見るには、メニューの上の横長バーを上にスワイプするワザが必要。開いた画面で「保存済み」を選べばOK(**図11、図12**)。

図10 メッセージの保存には右上の「⋮」をタップし、開いたメニューで「保存」を選ぶ

図11 保存したメッセージを見るときは、まず画面下部を上に向けてスワイプする

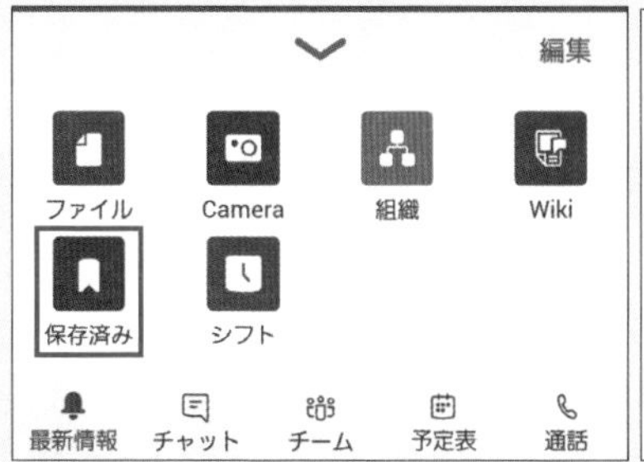

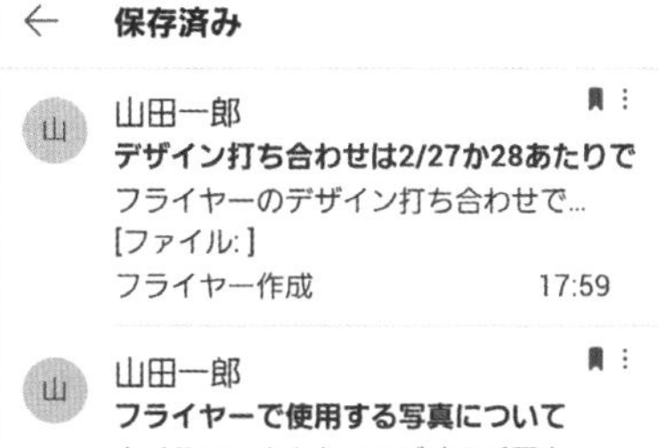

図12 表示されたメニューから「保存済み」を選ぶ(左)。すると、保存したメッセージ一覧が表示される

メールから投稿する

社内のコミュニケーションはTeamsに統一されてきたとしても、社外とはメールが中心といったことは多い。そうしたとき、メールからTeamsに投稿するワザが便利だ。

まずTeamsのチャネルごとに、投稿用のメールアドレスを取得し、クリップボードにコピーする（**図1、図2**）。このアドレスを宛先として、例えば社外から届いたメールを転送して送信すれば、内容がそのままTeamsのチャネルに投稿される（**図3、図4**）。ただし、セキュリティ面からはこのアドレスの運用には注意が必要だ。

今後、マイクロソフトはメールソフトのOutlookに「Teamsで共有」の機能を提供する予定で、その際はOutlookを使っていれば、メニューのボタンで簡単にTeamsに投稿できるようになる。

投稿用メールアドレスを取得する

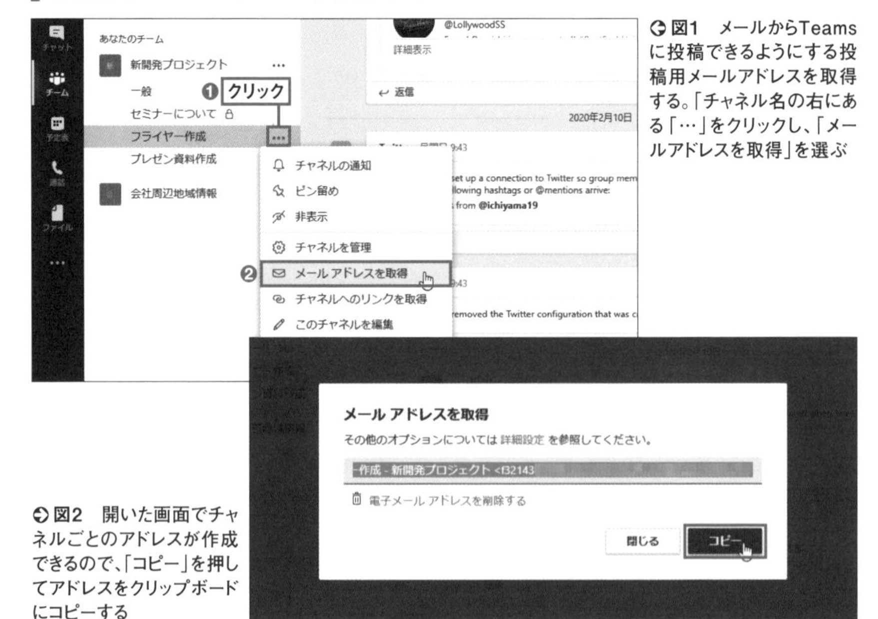

図1　メールからTeamsに投稿できるようにする投稿用メールアドレスを取得する。「チャネル名の右にある「…」をクリックし、「メールアドレスを取得」を選ぶ

図2　開いた画面でチャネルごとのアドレスが作成できるので、「コピー」を押してアドレスをクリップボードにコピーする

メールからチャネルに投稿する

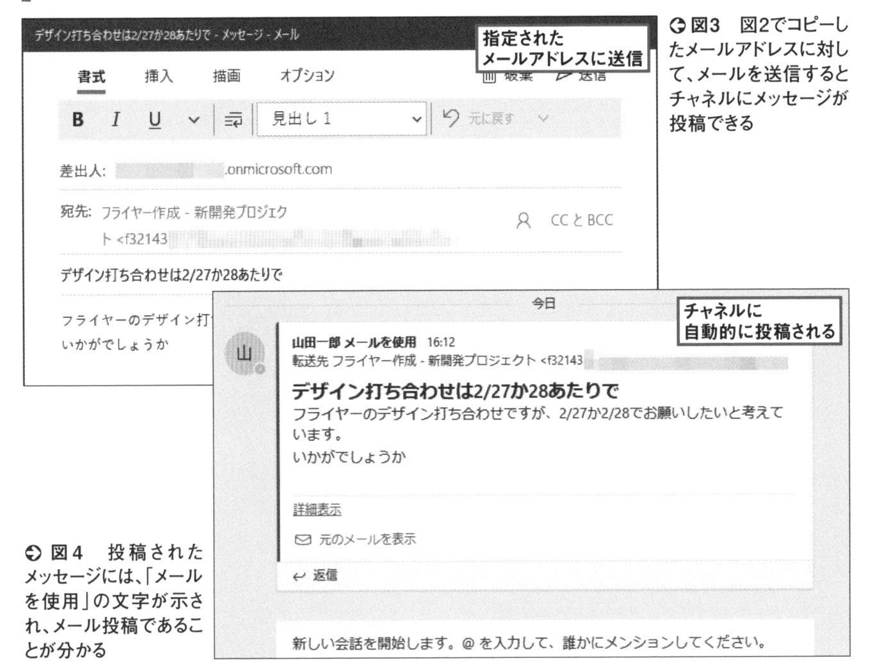

図3　図2でコピーしたメールアドレスに対して、メールを送信するとチャネルにメッセージが投稿できる

図4　投稿されたメッセージには、「メールを使用」の文字が示され、メール投稿であることが分かる

スマホの場合

投稿用メールアドレスを取得できる

スマホでも投稿用のメールアドレスを取得することができる。チャネル名の右の「︙」をタップして開くメニューで「メールアドレスをコピー」を選べばよい。これで取得したメールアドレスを宛先としてスマホからメールを送れば、Teamsに投稿できる（**図5**）。

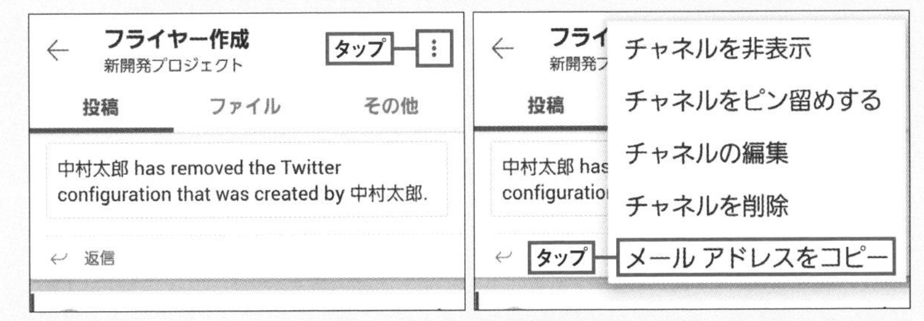

図5　スマホでもチャネル名の右にある「︙」を選び、開いたメニューで「メールアドレスをコピー」をタップすればメールアドレスを取得できる

第5章

チャットでコミュニケーション

- チャットを始める
- グループチャットをする
- チャットから通話を始める

●Microsoftの公式動画（Teams使い方マニュアル）
『06-01 1対1でチャットを行う』
https://youtu.be/S9cKiHfsmgo

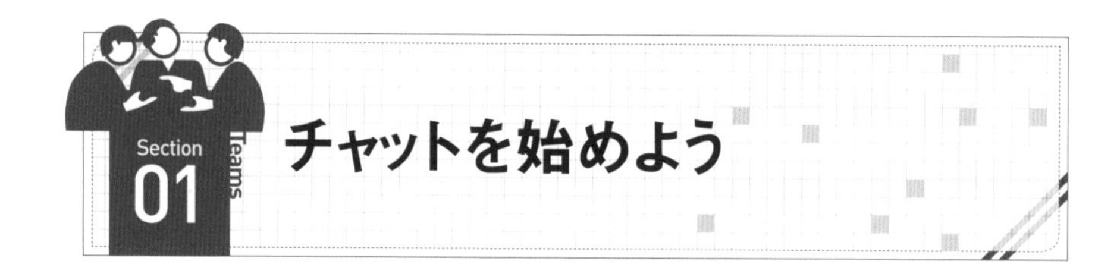

Section 01 チャットを始めよう

Teamsには、中心的なコミュニケーションツールとして、3章と4章で紹介してきた「チーム」「チャネル」に加えて、「チャット」が用意されている。画面の左端のメニューにも、「チーム」と並んで「チャット」のボタンがある。チャットも併せて使うことで、コミュニケーションをよりスムーズに進められるようになるのだ。

チャットは**図1**の画面からも分かるように、LINEなどと同様のメッセージ交換ツールである。指定した相手と、自分との間でメッセージを交換する「1対1のチャット」、複数人のグループで行う「グループチャット」がある。さらに、音声を使った通話、動画を使ったビデオ通話も用意する（図1）。LINEを使い慣れている人にとっては、LINEと同様のコミュニケーションができると考えてもらえばよい。

「チーム」「チャネル」のコミュニケーションと、「チャット」のコミュニケーションは、どのように使い分けるとよいだろうか。チーム、チャネルのコミュニケーションは、登録し

「チャット」でプライベートなやり取りも実現

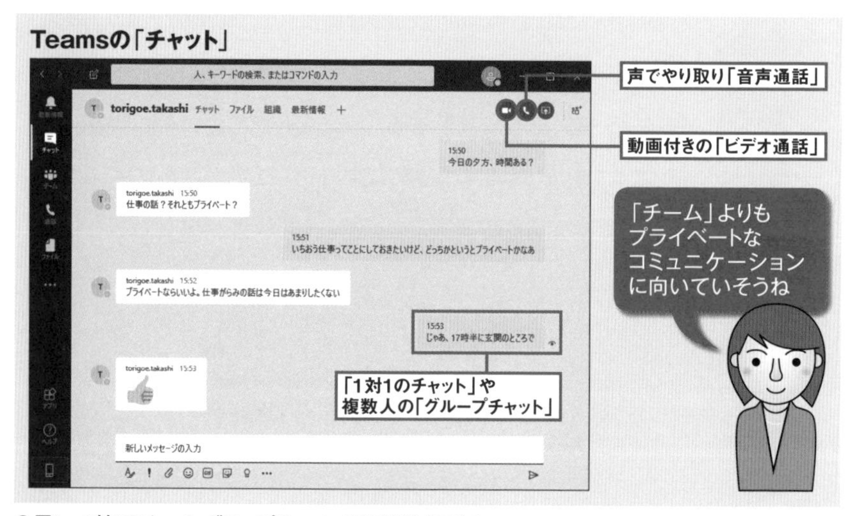

図1　1対1のチャット、グループチャット、音声通話もできる

たメンバーに公開されたオフィシャルな情報共有という位置付けになる。一方でチャットのコミュニケーションは、1対1、またはグループ内で閉じたプライベートな会話である。速やかに特定の人と連絡を取り合うためのツールとしてチャットを活用するのは有効だが、一方でその会話で得られたノウハウをチームで共有できない。

すなわち、チームとしての情報共有をメインに考えるときはチーム、チャネルを使い、その場のコミュニケーションとしてはチャットを使う――といった使い分けをするとよいだろう。

チャットの使い方はとても簡単だ。まず左端のメニューから「チャット」を選び、左上の新しいチャットのボタンをクリック。チャットする相手のメンバー名を入力すると、

1対1のチャットで直接メッセージをやり取り

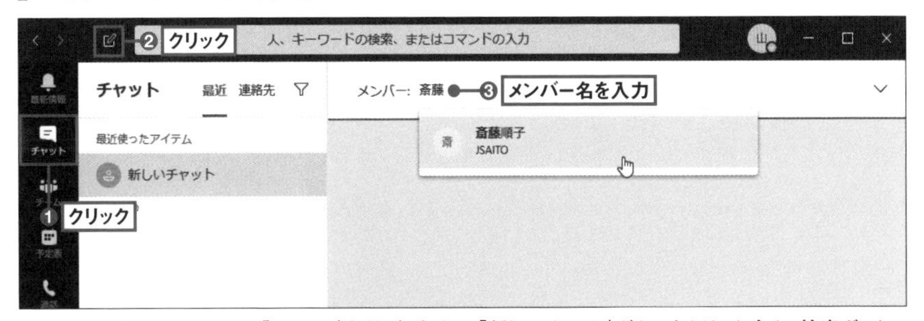

図2　左側のメニューから「チャット」を選び、左上の「新しいチャット」ボタンをクリックする。検索ボックスにチャットしたい相手の名前の先頭を入力して、現れたメンバーを選択

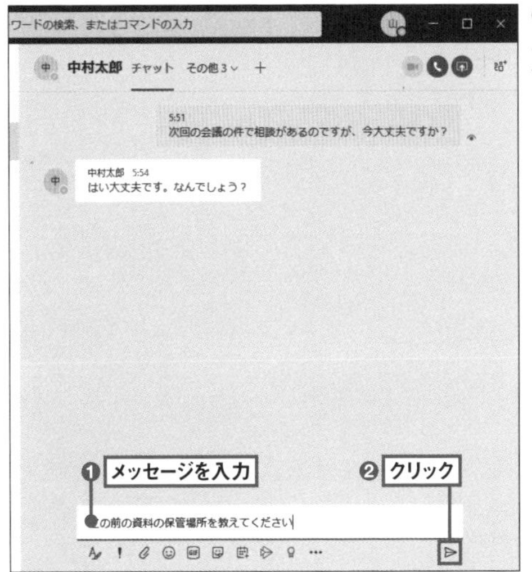

図3　入力欄に文章を入力して、紙飛行機形のアイコンをクリックして送信

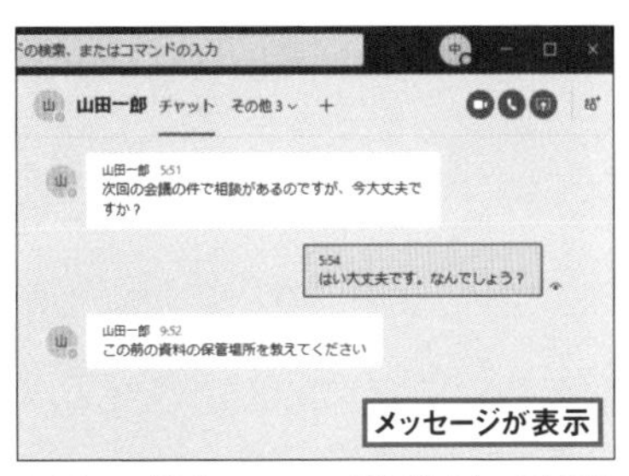

図4　相手にメッセージが送られて表示された

チャット画面が表示される（**図2**）。ここからはLINEなどのメッセージ交換ツールを使ったことがあれば迷うことはない。下部のメッセージ入力欄にメッセージのテキストを打ち込み、送信ボタンをクリックすると、メッセージが送られる（**図3、図4**）。

メッセージの返信も簡単。チームやチャネルでは「スレッドへの返信」と「新規の会話の入力」の複数の場所で入力できたが、チャットでは一番下の入力欄に書き込めばよい。クリップ形の添付のアイコンを選べば、ファイルを添付して送ることもできる（**図5**）。相手からのメッセージは左側からの吹き出し、自分のメッセージは右側からの吹き出しで示され、会話がタイムラインに沿って表示されるのもLINEなどで慣れたスタイルだ（**図6**）。

チャットでよく連絡を取り合う相手がいるならば、そのメンバーを連絡先に追加す

メッセージに返信する

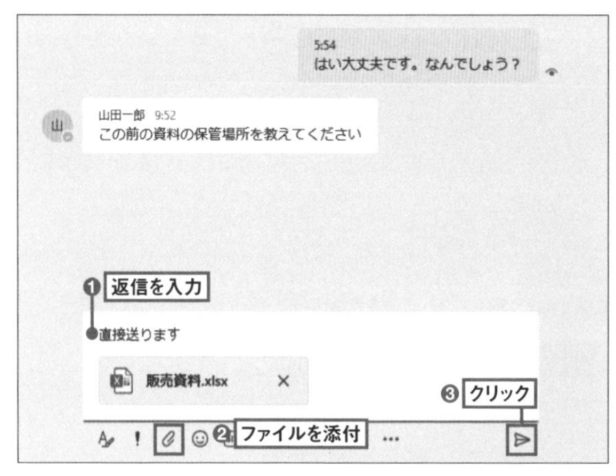

図5 「新しいメッセージの入力」と書かれた下部の入力欄に文字を入力し、紙飛行機形のアイコンで送信すれば返信できる。クリップ形の添付ボタンをクリックするとチャットからでもファイルを添付できる

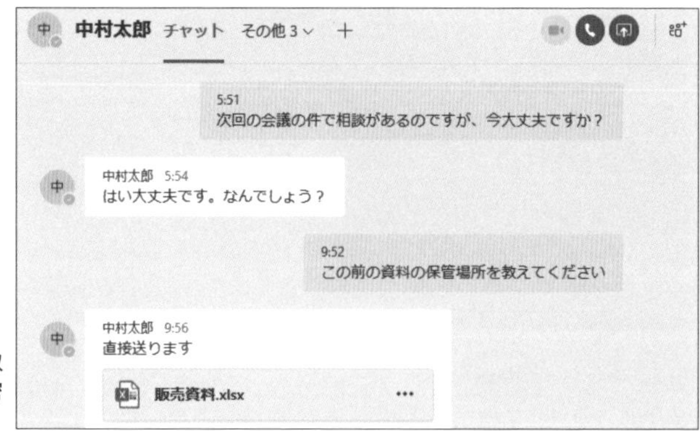

図6 メッセージのやり取りが時系列で表示され、親密度の高いやり取りが可能

ることで簡単に呼び出せるようになる。チャットの相手のユーザー名の右に現れる「…」をクリックし、「お気に入りの連絡先に保存」を選ぶだけで連絡先に登録できる（**図7**）。呼び出すときは、左欄上部の「連絡先」を選べばよい（**図8**）。

チャットは、LINEなどで使い慣れたインタフェースで、気心の知れた相手と親密にコミュニケーションが取れて便利なツールだ。それだけに、チームで共有すべき情報は「チーム」「チャネル」でやり取りするという意識を忘れずに、使うようにしたい。

チャネルの解説で件名の重要性を強調したが、1対1のチャットやグループチャットは、現時点では件名を付けることができず、スレッド化が難しい。チャットの場合はどの話題に対する返信なのかが分かりにくいため、それぞれの特性を理解した上でチャットとチャネルを使い分けるとよいだろう。

ユーザーを連絡先に追加する

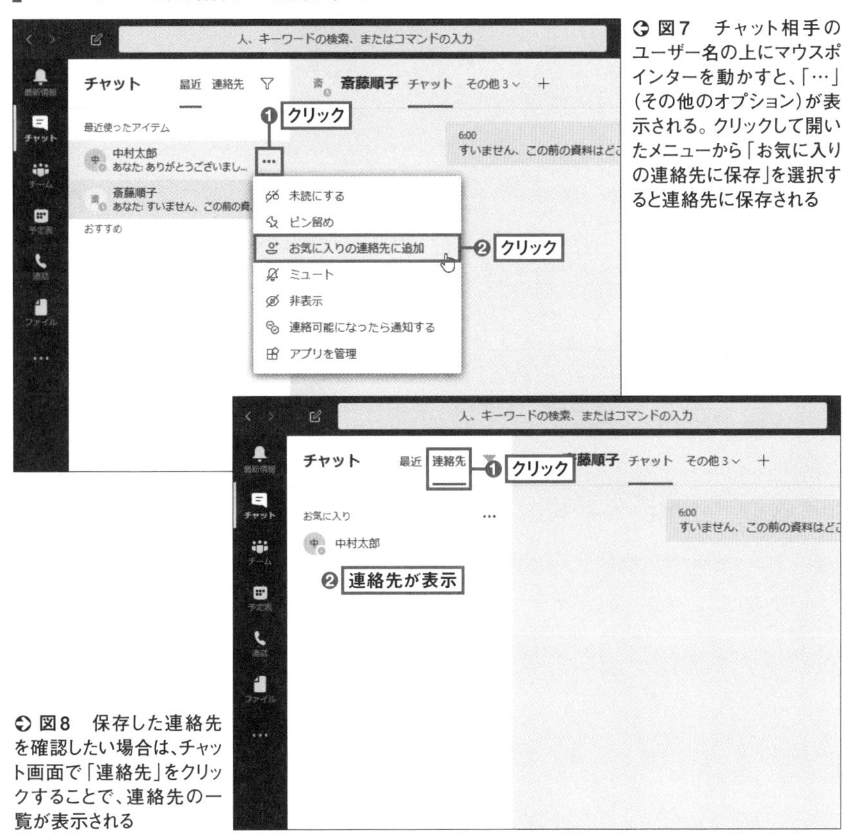

図7　チャット相手のユーザー名の上にマウスポインターを動かすと、「…」（その他のオプション）が表示される。クリックして開いたメニューから「お気に入りの連絡先に保存」を選択すると連絡先に保存される

図8　保存した連絡先を確認したい場合は、チャット画面で「連絡先」をクリックすることで、連絡先の一覧が表示される

スマホの場合

スマホで手軽にチャット

スマホでチャットするときは、下部のメニューから「チャット」を選ぶ。相手を選んだら、LINEなどで慣れ親しんだ使い方でメッセージを交換できる（**図9、図10**）。これまで個人のLINEなどのアカウントで連絡していたビジネスのコミュニケーションをTeamsに一本化できる。

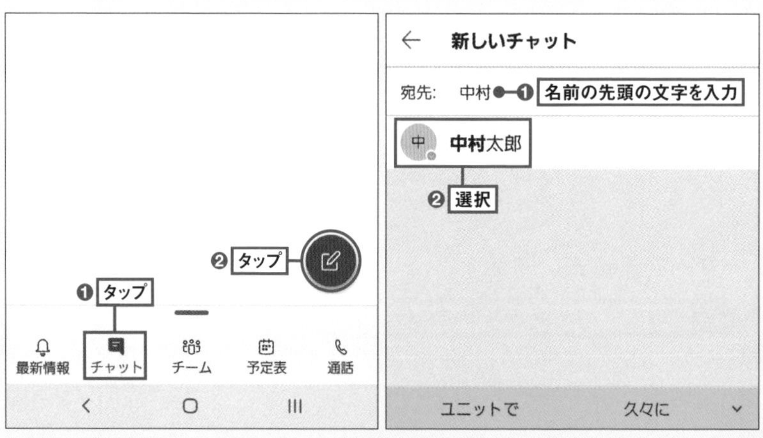

図9　画面下のメニューから「チャット」を選び、右側の「新しいチャット」のアイコンをタップする（左）。開いた画面で「宛先」欄に相手の名前の先頭の文字を入力すると、候補のメンバーが表示されるので選択（右）

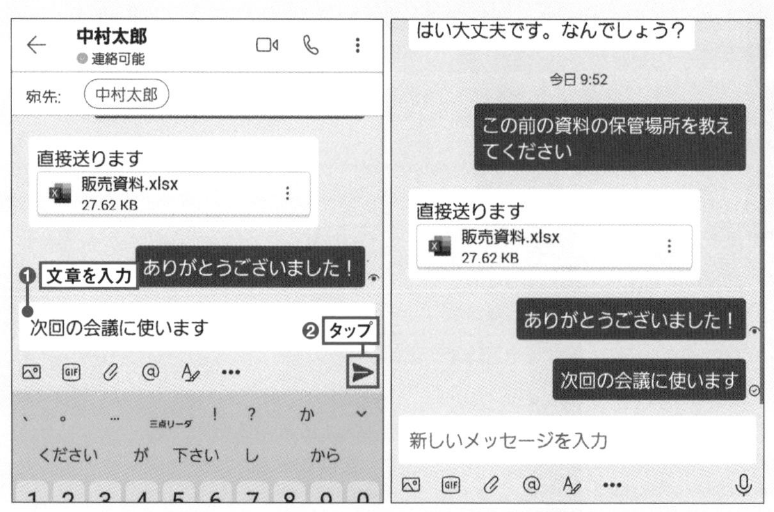

図10　画面下部の入力欄に文章を入力し、紙飛行機形の送信アイコンをタップして送信（左）。パソコンアプリと同様にチャットのメッセージのやり取りが時系列で表示される（右）

グループチャットをする

Teamsのチャットは、1対1のチャットのほかに、複数ユーザーを対象にしたグループチャットを用意している。グループでチャットする方法はいくつかあるが、ここでは「グループ」を作成してからチャットする方法を紹介する。

新しいチャットの画面で、「メンバー」の欄の右端のプルダウン表示をクリックすると、グループ作成画面に移る（**図1**）。ここでグループの名称とチャットするメンバーを

複数メンバーでチャットを行う

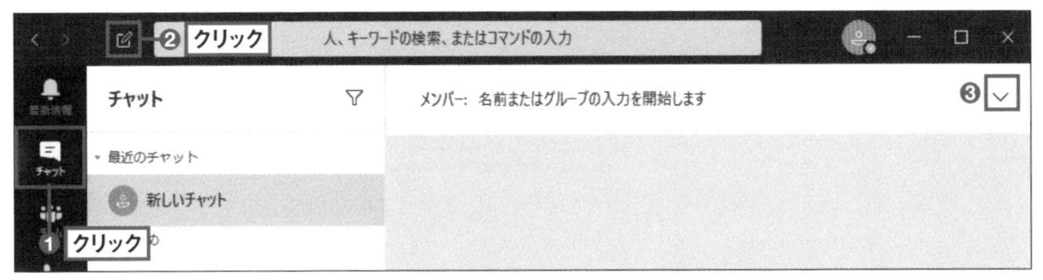

図1　新しいチャットで検索ボックスにメンバーを入力し、右のプルダウン表示（グループチャットを新規作成）をクリックする

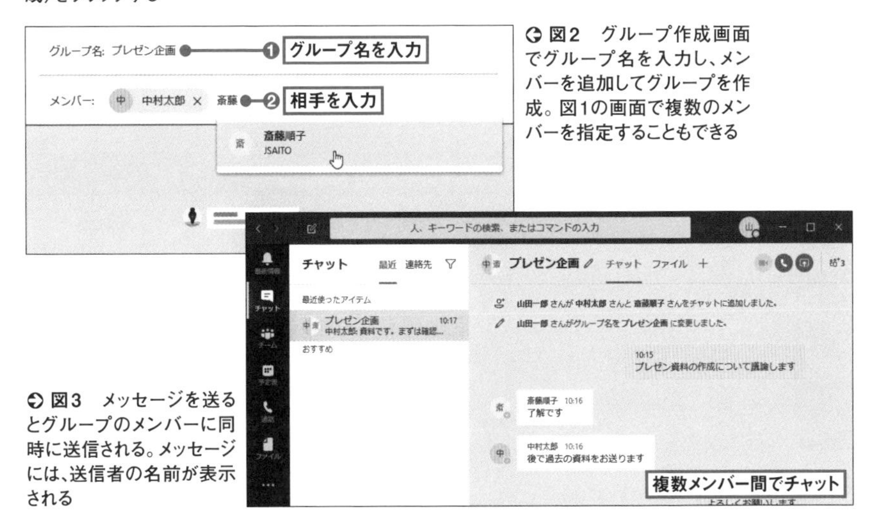

図2　グループ作成画面でグループ名を入力し、メンバーを追加してグループを作成。図1の画面で複数のメンバーを指定することもできる

図3　メッセージを送るとグループのメンバーに同時に送信される。メッセージには、送信者の名前が表示される

登録すればよい。下部のメッセージ入力欄にメッセージを登録して送信すれば、グループチャットが始まる（**図2、図3**）。グループチャットでは、登録したメンバー全員にチャットのメッセージが送られ、画面上には時系列でメッセージ表示される。

グループのメンバーは後から追加することもできる。追加するときは、画面右にある人型に「+」が付いた「参加者の表示と追加」ボタンをクリックし、追加したいメンバーを選んで登録していけばよい（**図4、図5**）。この方法を使って、1対1のチャットにメンバーを追加してグループチャットを始めることもできる。このとき、1対1のチャットに

メンバー追加やグループ名の変更をする

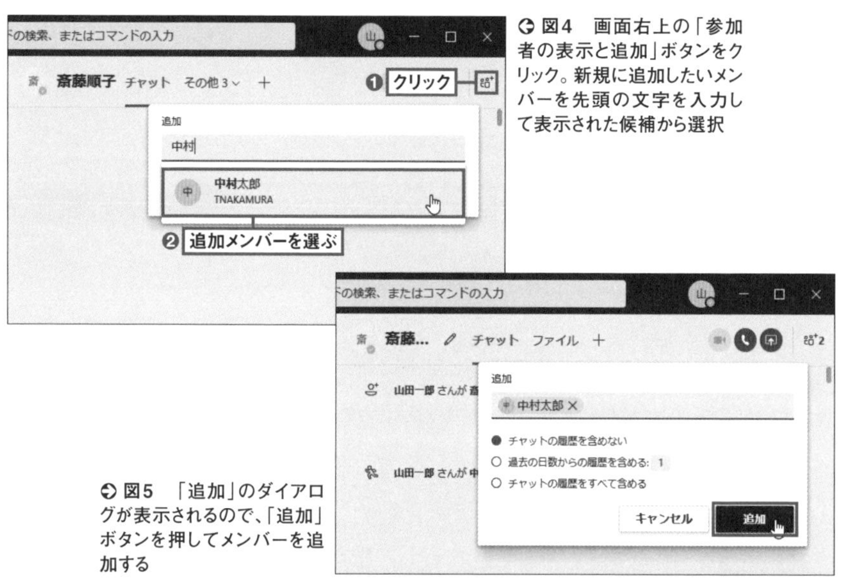

図4　画面右上の「参加者の表示と追加」ボタンをクリック。新規に追加したいメンバーを先頭の文字を入力して表示された候補から選択

図5　「追加」のダイアログが表示されるので、「追加」ボタンを押してメンバーを追加する

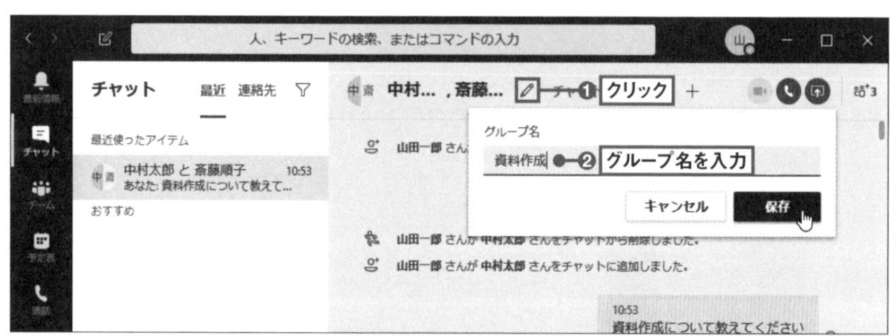

図6　グループ名を変更するときは、画面上部の鉛筆マークのアイコンをクリックし、開いた画面でグループを編集する

メンバーを追加したグループチャットでは、チャット履歴は引き継がれない。ただし、4人目以降のメンバーを追加する場合は、チャット履歴を引き継ぐかどうかのダイアログが表示される。

後からグループ名を変更するときは、グループ名の右にある鉛筆形のアイコンをクリックして、開いた画面で名前を入力する（**図6**）。

スマホの場合

グループ作成も編集もお手のもの

スマホでももちろんTeamsのグループチャットを活用できる。グループの作成や名前の変更などのグループ編集も可能なので、手元にスマホしかないときでも、新しいグループでチャットを始めたり、グループを編集したりといった操作をスムーズに行える（**図7、図8**）。

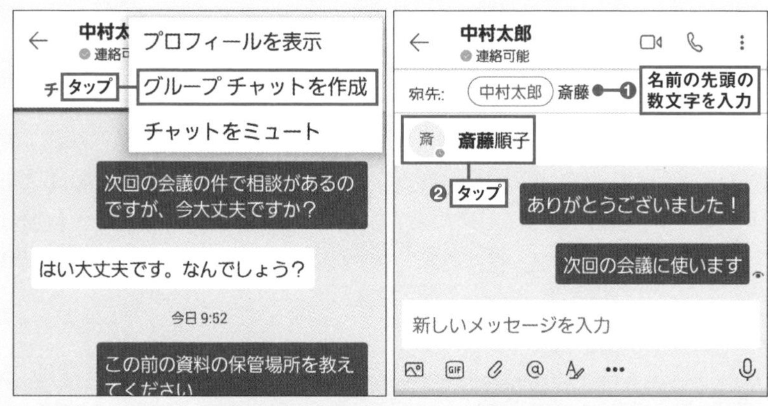

図7　スマホでグループ作成するときは、チャットしている画面右上の「⋮」をタップ、開いたメニューから「グループチャットを作成」を選ぶ（左）。次の画面で名前の先頭の文字を入力して表示された候補からメンバーを追加（右）

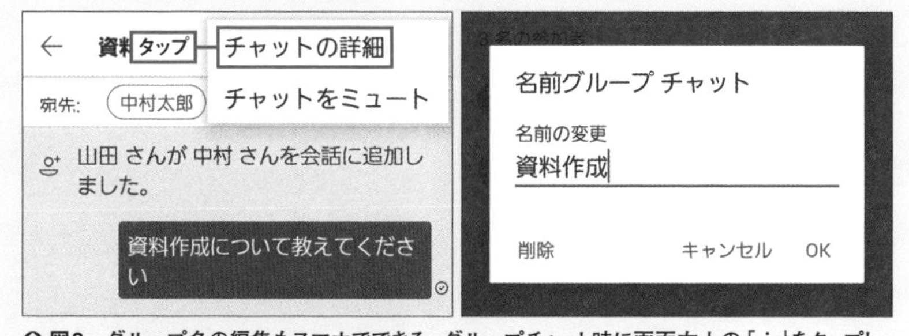

図8　グループ名の編集もスマホでできる。グループチャット時に画面右上の「⋮」をタップし、「チャットの詳細」を選ぶ（左）。開いた画面で名前を入力すれば編集できる（右）

チャットから通話を始める

チャットの画面には、「音声通話」「ビデオ通話」でコミュニケーションするためのボタンも用意されている。文字のコミュニケーションから、音声や映像を使ったコミュニケーションへの移行がシームレスにできるようになっているのだ。

音声通話をするときは、チャット画面の右上にある受話器形の「音声通話」のアイコンをクリックする（**図1**）。相手の画面には音声通話の呼び出しがあることを示す通知が現れるので、ここで「通話」の青いアイコンをクリックすると音声通話が始まる。音声通話できる状況にないときは、赤い「通話拒否」のアイコンをクリックすればよい（**図2**）。

1対1のチャットの画面で音声通話のアイコンをクリックすると、1対1の通話になるが、グループチャットの画面で同じ操作をすると電話会議が行える。音声通話中にほかのメンバーも加えて会話をしたい場合は、メニューから人の形をした「参加者を表示」のボタンをクリックする。現れたメニューで「他のユーザーを招待」をクリックし、

音声通話をするには

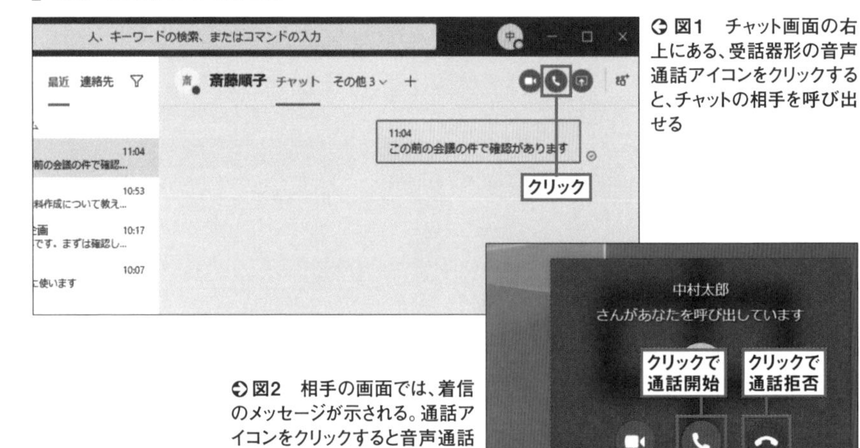

図1　チャット画面の右上にある、受話器形の音声通話アイコンをクリックすると、チャットの相手を呼び出せる

図2　相手の画面では、着信のメッセージが示される。通話アイコンをクリックすると音声通話が始まる。通話に出られないときは拒否することもできる

追加したいメンバーを登録すると通話のメンバーを追加できる（**図3**）。

パソコンやスマホにはカメラが付いていることが当たり前になり、Teamsでは自分を撮影するカメラを使ってビデオ通話もできるようになっている。離れた場所の相手と、特別なツールを使わずに手軽なフェイス・トゥ・フェイスのコミュニケーションを実現できるというわけだ。

通話にほかのユーザーを招待する

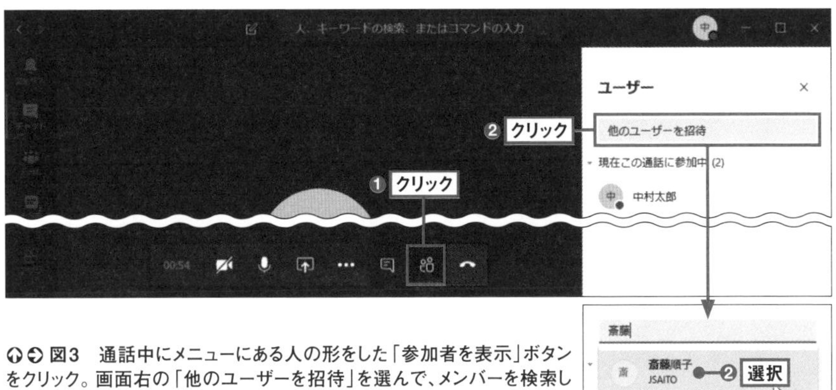

図3　通話中にメニューにある人の形をした「参加者を表示」ボタンをクリック。画面右の「他のユーザーを招待」を選んで、メンバーを検索して選択すればよい

ビデオ通話もできる

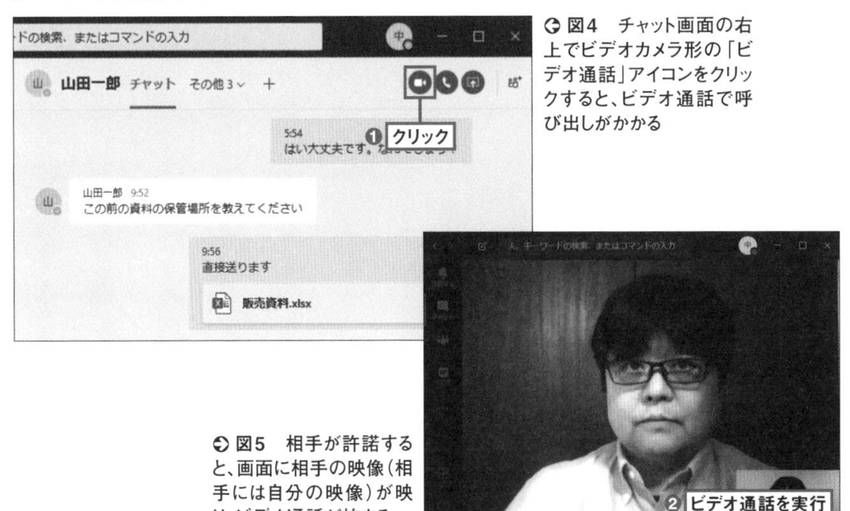

図4　チャット画面の右上でビデオカメラ形の「ビデオ通話」アイコンをクリックすると、ビデオ通話で呼び出しがかかる

図5　相手が許諾すると、画面に相手の映像（相手には自分の映像）が映り、ビデオ通話が始まる

カメラを使ったビデオ通話を始めるときは、チャット画面の右上にあるビデオカメラ形の「ビデオ通話」アイコンをクリックする（**図4**）。すると、相手には音声通話のときと同様に図2の通知画面が開く。図2の左にあるビデオカメラ形のアイコンを選ぶとビデオ通話が始まる（**図5**）。

グループに対してビデオ通話の操作をすると、複数のメンバーがお互いの顔を見ながらやり取りできる「ビデオ会議」が始まる。ビデオ通話やビデオ会議を始めてからやり取りにメンバーを追加したくなったら、音声通話の図3と同様の手順で、参加者を増やすことができる。

ここではチャットの延長線上の音声通話とビデオ通話をメインに説明した。ビデオ会議の詳細はこの次の第6章で説明する。

スマホの場合

スマホでも通話、ビデオ通話がOK

スマホでも音声通話やビデオ通話ができるので、Teamsのメンバー同士で場所を問わずに声や映像を使った打ち合わせが簡単に始められる。チャット画面で「音声通話」「ビデオ通話」のアイコンを選ぶ通話の始め方はパソコンと同じで、すぐに音声通話、ビデオ通話が可能だ（**図6、図7**）。

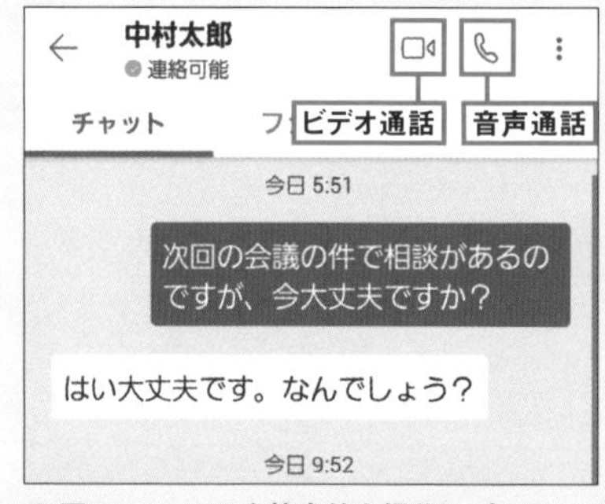

図6　スマホでも基本的な操作はパソコンアプリと同じ。チャット画面でビデオカメラ形の「ビデオ通話」アイコン、受話器形の「音声通話」アイコンを選ぶことで、それぞれの通話が可能

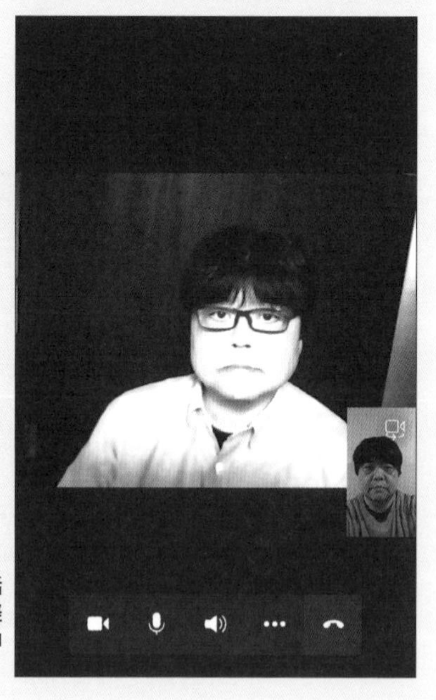

図7　スマホでビデオ通話を実行。自宅などからも手軽にビデオ通話や音声通話でコミュニケーションが取れる

Teamsコラム 2

進化するTeams
機能向上に向けて随時変化

Teamsの歴史は"進化の歴史"ともいえる。マイクロソフトでは、2020年3月のサービス提供3周年のタイミングで、今後の主な進化の項目を発表した。代表的な新機能が**図1**に掲げたものだ。大きく、「Web会議の使い勝手の向上」「通話の機能向上」「チャットの機能向上」に分類できる。

Web会議では、3つの機能を追加していく。一つは、リアルタイムのノイズ抑制機能。会議中に発言以外の雑音を抑制して、会議に集中しやすくする。また今後、「挙手」のアイコンを用意して発言を助ける挙手機能を追加する。さらに、パソコンのデスクトップ版アプリで実現している「背景ぼかし」の機能を、iOSのアプリでもサポートする。

通話の機能向上では、中小企業が外線通話や電話会議などを実現するためのPBX機能をTeamsに追加できる「Microsoft 365 Business Voice」を2020年4月1日に提供開始。ソフトバンクが2019年8月に提供を開始しているTeams向けの音声通話サービス「UniTalk」などと併用することで、会社の固定電話の番号を使ってTeamsから外線電話の発着信が可能になる（**図2**）。

チャットでは、オフラインや低帯域幅でのチャットのサポートなどが加わる。

図1 毎週のように進化が続くTeams。2020年3月にアナウンスされた今後の進化のトピックは「Web会議」「通話」「チャット」への機能追加だ（（日本マイクロソフト「プレスラウンドテーブル 2020/3/24」から）

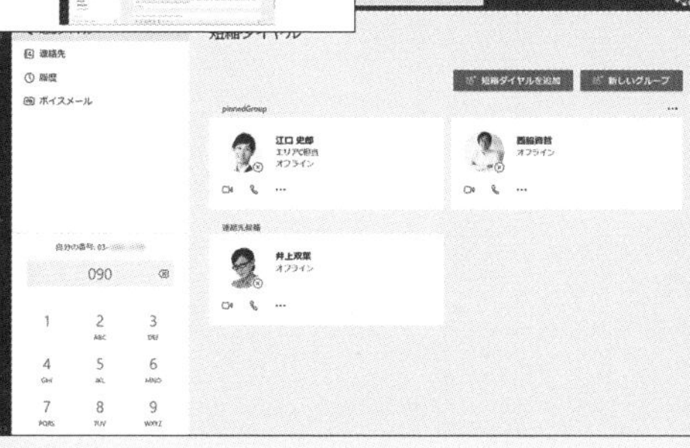
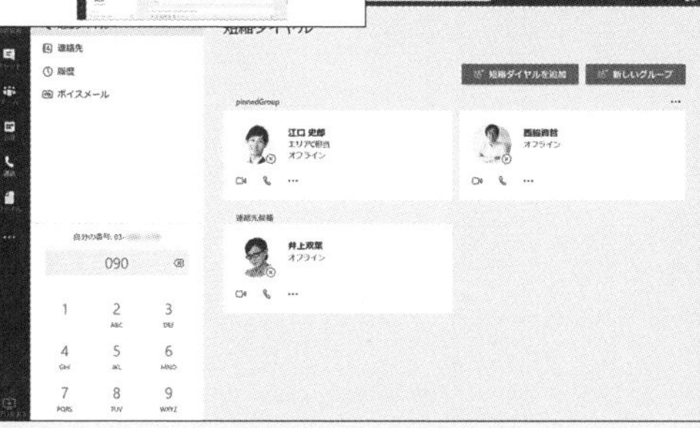

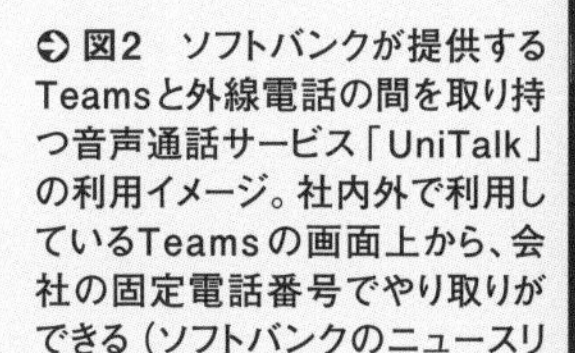

図2 ソフトバンクが提供するTeamsと外線電話の間を取り持つ音声通話サービス「UniTalk」の利用イメージ。社内外で利用しているTeamsの画面上から、会社の固定電話番号でやり取りができる（ソフトバンクのニュースリリースより）

第6章

ビデオ会議などを便利に使う

- 会議を設定
- ビデオ会議を始める
- 会議を便利にする機能

●Microsoftの公式動画（Teams使い方マニュアル）
『08-03 会議に参加する』
https://youtu.be/I89NIv4sPWo

Teamsで会議をスムーズに実施する

Teamsは企業や組織のコミュニケーションを円滑にして、業務効率化を図ったり生産性向上につなげたりするツールだ。これまで見てきたような、「チーム」および「チャネル」を使った情報共有や、「チャット」によるメッセージの交換は、相手との時間差を許容する「非同期型」のコミュニケーションを主軸に据えたものだった。Teamsが提供する機能のうち、もう一つの柱になるのが「会議」である。こちらは相手と同時に参加することが求められる「同期型」のコミュニケーションをTeamsが支える。

会議というと、これまでは「参加者のスケジュールを押さえる」「会議室を予約する」「資料を用意、印刷、配布する」「会議室まで移動する」「会議を実施する」そして「議事録を作成する」といった多様なステップをリアルタイムの世界で時間を費やして行う必要があった。ここには多くの無駄が潜んでいる。

Teamsには「ビデオ会議」と、それを支える「スケジュール管理」の機能がある。各自のパソコンやスマホから手軽に映像付きの遠隔会議ができるビデオ会議ならば、

Teamsならビデオ会議も手軽に

図1　Teamsでビデオ会議が手軽にできる。オフィス内、遠隔地の支店、自宅など場所を問わずに会議に参加でき、ファイル共有などの機能で会議のペーパーレス化にも貢献する

オフィス内、遠隔地の支店、自宅など場所を問わずに会議に参加できる。画面やファイルの共有機能で資料の事前配布の廃止やペーパーレス化にも貢献する。離れた場所で会議している途中でも、チャットで相互の意思疎通を図ることができ、議事録もその場で作成・確認できる（**図1**）。

会議を設定する際に煩わしいスケジュール調整はTeams上で手軽に済ませられ、物理的な会議室を予約する必要もなくなる。自宅から会議に参加するときには背景の映像をぼかす機能がプライバシー保護に役立つし、会議を録画する機能で参加できなかった人も会議内容を後から把握できる（**図2**）。Teamsで会議の姿を大きく変革させてみよう。

Teamsで会議を上手に行うコツを紹介

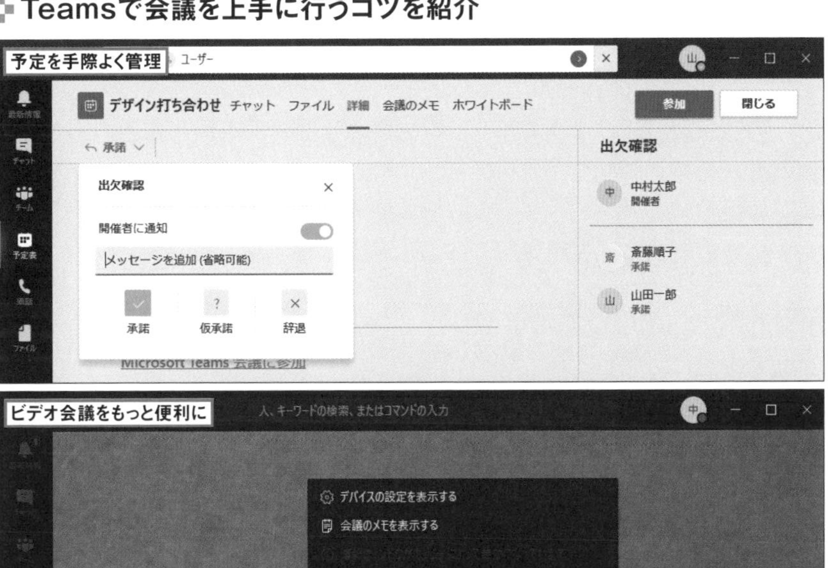

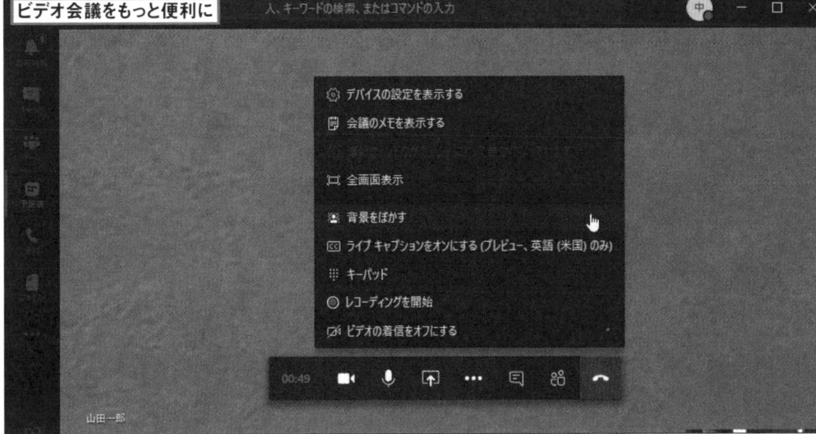

図2　相手の空き時間を探して会議時間を決めるといった予定管理のワザや、映像の背景をぼかすなどビデオ会議のワザを使うことで、Teamsを使った会議がより便利になる

Teamsで会議を予約する

「会議」は急には始められない。メンバーの予定を調整して、予約するところから始めなければならない。Teamsでは、スケジュール管理を行う「予定表」の機能を用意している。ここでメンバーを集めたビデオ会議などを簡単に予約できる。さらにTeamsが備える予定表は、メールアプリの「Outlook」の予定表と連動している。すなわち、Teamsの予定表とOutlookの予定表の相互に予約の結果が反映されるのだ（**図1**）。Outlook側から、Teamsのビデオ会議の予約も可能となっている。

ここから、実際にTeamsでビデオ会議を予約するときの流れをチェックしていこう。まず予定表の画面右上にある「＋新しい会議」をクリックするか、予定表の上で会議を設定したい時間帯をドラッグする（**図2**）。すると、会議の詳細を設定する画面が表

予約表で会議を予約する

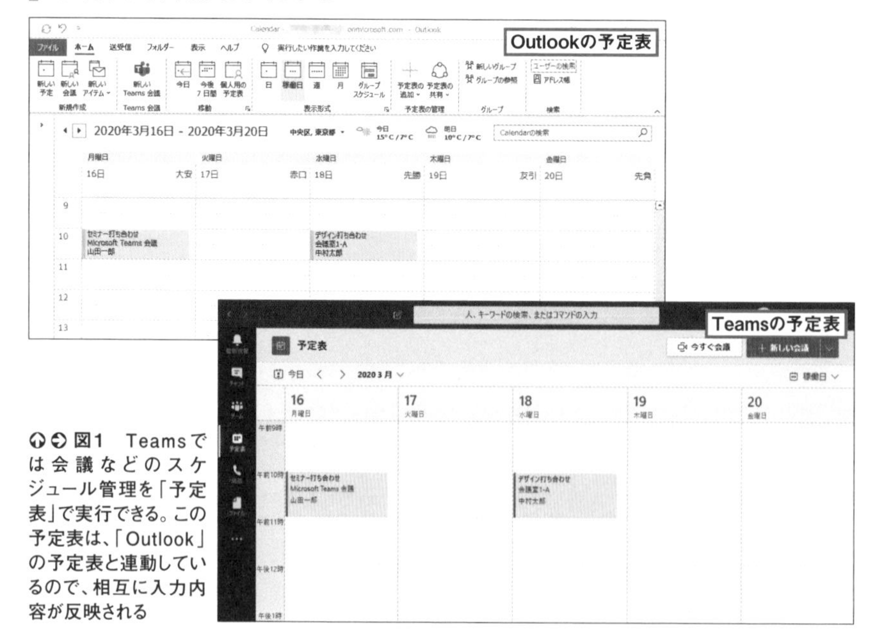

⇧⇨ **図1 Teamsでは会議などのスケジュール管理を「予定表」で実行できる。この予定表は、「Outlook」の予定表と連動しているので、相互に入力内容が反映される**

示されるので、ここでタイトルや日時を入力する。図2で時間帯をドラッグした場合は、その日時が自動的に入力されるので便利だ（**図3**）。

会議の出席者の指定方法は、2種類ある。チャネルに登録されたメンバー全員を指定する方法と、個々のメンバーを指定する方法だ。

チャネルのメンバー全員を招待するには、設定画面の中にある「チャネルを追加」をクリックし、開いたチャネル一覧から該当するチャネルを選ぶ（**図4**）。

新規会議を作成する

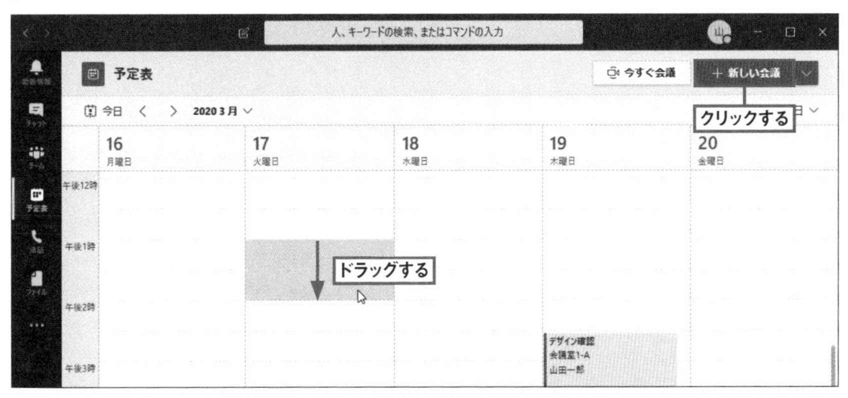

図2　左端のメニューから「予定表」を選ぶ。新規に会議を予約する場合は、画面右上の「新しい会議」をクリックする。会議予定を作成したい時間帯を予定表の上でドラッグしてもOK

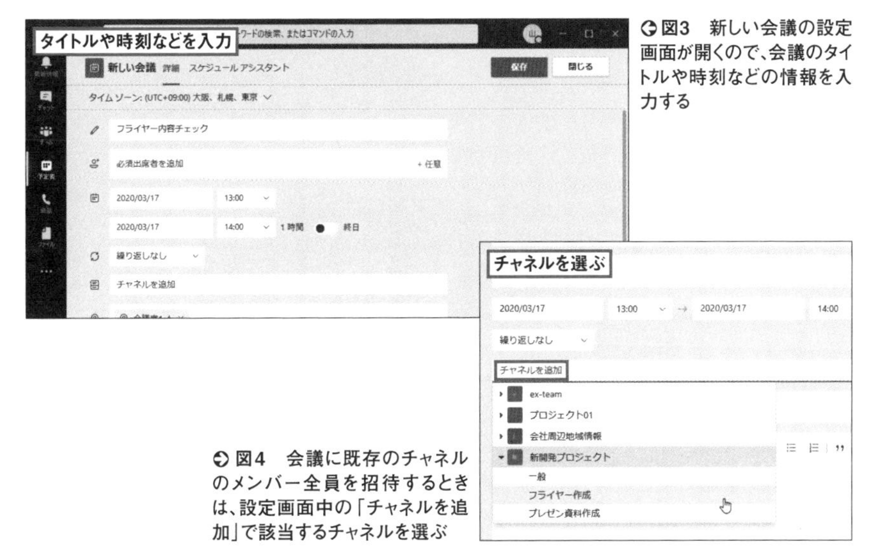

図3　新しい会議の設定画面が開くので、会議のタイトルや時刻などの情報を入力する

図4　会議に既存のチャネルのメンバー全員を招待するときは、設定画面中の「チャネルを追加」で該当するチャネルを選ぶ

個々のメンバーを指定するには、まず「必須出席者を追加」欄にユーザー名の最初の数文字を入力する（**図5**）。すると、メンバーの候補一覧が表示されるので、会議の出席者を選ぶ。それぞれのメンバーを選択していくと、メンバーごとの予定表を参照して、指定した時間帯にほかの予定が入っている場合は、名前が薄い赤色で表示されて注意を促す（**図6**）。

Teamsには、指定した時間帯に予定が重複しているメンバーがいた場合、指定

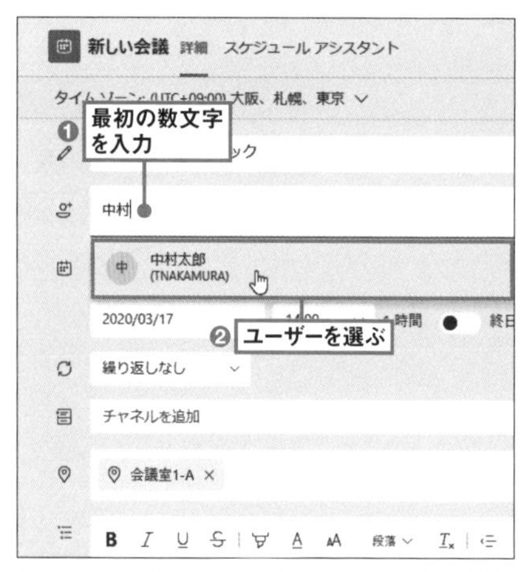

図5　個別のユーザーを会議に招待するときは、「必須出席者を追加」の欄にメンバー名の先頭の数文字を入力して、表示される候補から選択

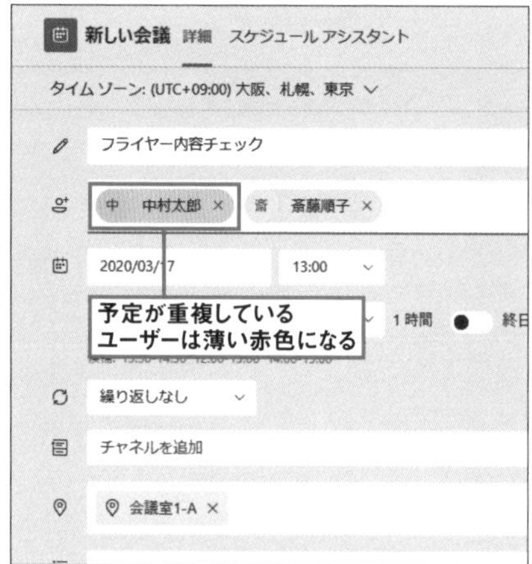

図6　会議に招待するために選択したメンバーのスケジュールが、同じ時間帯に重複しているときは薄い赤色に表示されるので分かりやすい

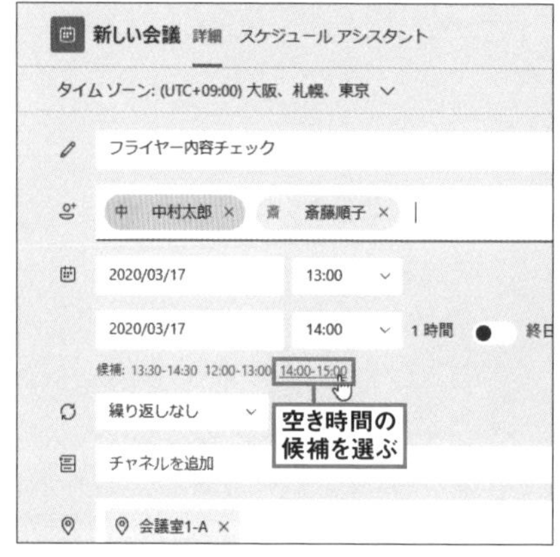

図7　予定が重複したメンバーがいる場合は、空き時間の候補が表示される。候補の時間帯を選択すると、空き時間に会議時間を変更できる

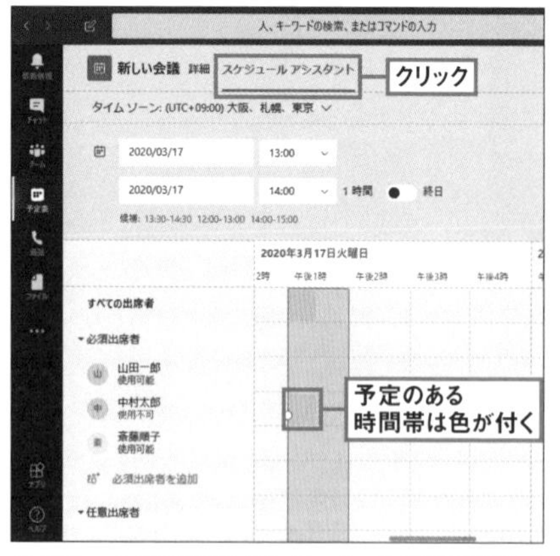

図8　会議に参加するメンバーの予定の詳細を確認したいときは、画面上部の「スケジュールアシスタント」に切り替える

した日時の近くで参加するメンバー全員の予定が空いている時間帯の候補を表示する機能がある。空き時間を候補一覧から選ぶと、会議時刻をその時間帯に簡単に変更できて便利だ(**図7**)。

他のメンバーの予定を詳しく知りたい場合は、「スケジュールアシスタント」をクリックする。開く画面で、ユーザーごとの予定の有無をグラフで見られる(**図8**)。相手に予定がある場合は、その時間帯が濃い青色で表示されるので分かりやすい。

Outlookで Teams会議を予約する

❶ドラッグ
❷クリック

図9 Outlookの予定表からもTeamsの会議を予約できる。時間帯をドラッグして、「新しいTeams会議」のボタンをクリック

図10 会議の詳細設定画面が開くので、タイトルや参加者などの必要事項を入力して「送信」ボタンを押す

こうして参加するメンバーの空き時間を調整して会議を予約すると、指定したメンバー宛てに、メールなどで通知が送られる。

Teamsに予定表の機能があるといっても、スケジュール管理は使い慣れたOutlookを使いたいという人も少なくないだろう。その場合、Teams のビデオ会議をOutlook から予約することも可能だ。Outlookの予定表で、予約したい時間帯をドラッグして選択して、上部のメニューから「新しいTeams会議」を選ぶ(**図9**)。開いた画面でタイトルやメンバーを入力してから、「送信」をクリックすれば予約が完了する(**図10**)。

会議を設定するまでの雑多な作業が、TeamsやOutlookの予定表の上でスムーズに進められることが分かるだろう。会議の開催の準備に掛かっていた手間が、Teamsを利用することでぐんと減るのだ。

スマホの場合

スマホでも簡単に会議予約

スマホでも会議の予約は可能だ。予定は、画面下のメニューで「予定表」をタップすると確認できる。新規に会議を予約するには、「会議の作成」アイコンをタップし、開く画面でタイトル、日時、ユーザーなどを入力して、チェックマークをタップすればよい(**図11、図12**)。

図11 スマホアプリの下部のメニューから「予定表」をタップ。開いた画面の下部にある「会議の作成」のアイコンをタップする

図12 開いた画面で会議予定の必要事項を入力し、その後に右上のチェックマークをタップする

Teamsコラム 3

Teamsをより便利に
続々登場するTeams認定の新デバイス

Teamsはそれ自身が機能向上しているが、一方で、コラボレーションした他社が提供するTeams認定デバイスによる用途の拡大もある（**図1**）。

その一つがウエアラブル端末の活用。ヘルメットをかぶってTeams対応のウエアラブルデバイスを装着することで、遠隔地から作業者の視点を確認して作業指示を出すような業務の効率化、安全性向上にTeamsを役立てられる。タッチパネル式のディスプレイに後付けすることで、Teamsの会議専用端末を簡単に作れる「コラボレーションバー」（図1では少人数のミーティングを行える『ハドルルーム』の例として紹介）や、法人向けのTeams認定デバイスとしてのボーズのヘッドセットも登場している。

こうしたTeams認定デバイスの中で、国内でも発売されたのがレノボ・ジャパンのパーソナルコラボレーションデバイス「ThinkSmart View」だ（**図2**）。Teams専用の個人向け小型コラボレーションデバイスで、8インチディスプレイとスピーカー、マイク、カメラを備える。Teamsの利用に最適化されていて、直感的に使える。オフィスの自席やホームオフィスでの利用はもちろん、フリーアドレスエリアなどに設置することでチームのコミュニケーションの幅を広げられる。

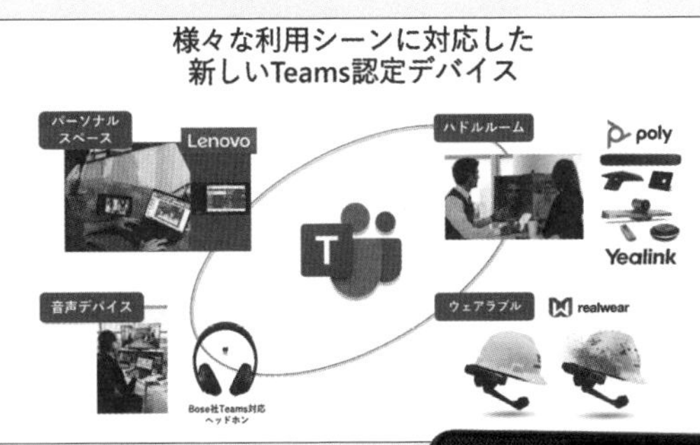

図1 Teams認定デバイスが多方面にわたり増えている。特定業務やオフィスでのミーティング、家庭も含めた利用に向けたデバイスの動向をチェックしておきたい（日本マイクロソフト「プレスラウンドテーブル 2020/3/24」から）

図2 レノボ・ジャパンが発売したパーソナルコラボレーションデバイス「ThinkSmart View」。8インチディスプレイを搭載したパソコンより一回り小型のボディーでTeamsのコミュニケーションが完結する。
直販価格：4万9000円（税別）～

会議に参加する

Section02の手順で会議を予約すると、指定したメンバーに宛てて、メールなどで通知が送られる。ここでは通知が届いたメンバーが会議に参加する場合の手順を見てみよう。

メール（Outlook）で通知が届いた場合は、通知メール内の「承諾」をクリックして、返信するなどのアクションの種類を選ぶ（**図1**）。一方、Teamsの予定表には、予約された会議の情報が追加される。こちらから参加を承諾する場合は会議予定をクリックして詳細画面を開いたら、「出欠確認」をプルダウンし、参加する場合には「承

会議の招待に参加表明

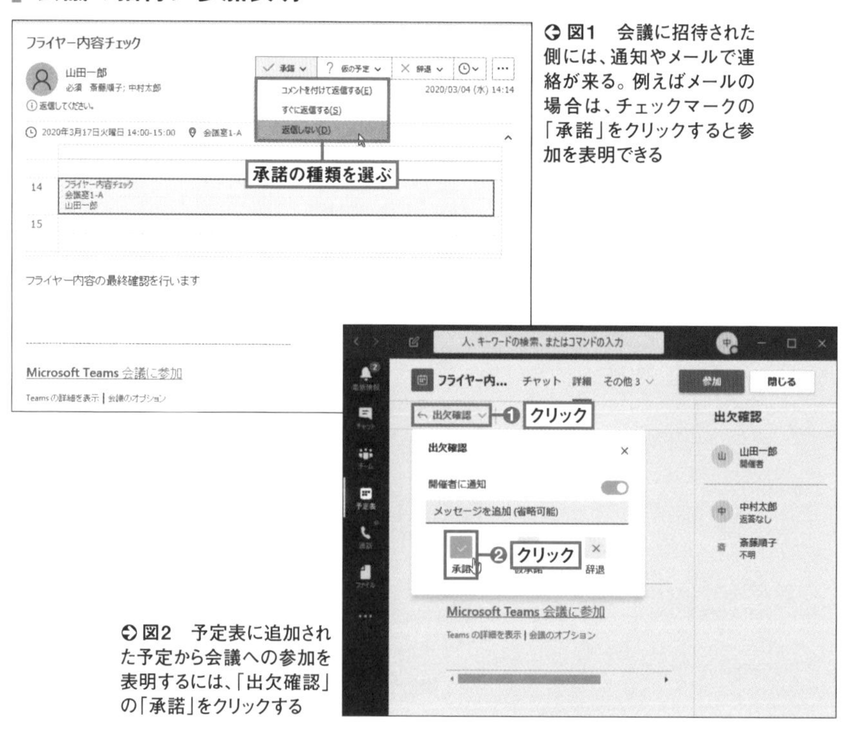

図1　会議に招待された側には、通知やメールで連絡が来る。例えばメールの場合は、チェックマークの「承諾」をクリックすると参加を表明できる

図2　予定表に追加された予定から会議への参加を表明するには、「出欠確認」の「承諾」をクリックする

諾」を選ぶ（**図2**）。すると、会議を予約したメンバーに、参加を承諾した旨の通知が送られる。

コミュニケーション基盤がTeamsに移行したら、会議は必ずしも予定して行うものではなくなるかもしれない。チャネルでテキストベースの会話をしているときに、メンバーとビデオ会議をその場で始めることもできる。チャネルの入力欄の下のビデオカメラ形のアイコンをクリックすると、会議の開始の画面が開く。ここで会議の件名を入力して「今すぐ会議」をクリックすると会議が始まる。チャネルのメンバーには会議開始のメッセージが届き、「参加」をクリックすれば会議に加われる。参加はメンバーの意思によるので、急に自分の顔が相手の画面に映し出されるようなことはない（**図3～図5**）。

チャネルから会議を開始する

図3　チャネルで会話しているときに、会議を始めることも簡単。入力欄の下のアイコンからビデオカメラ形のテレビ会議アイコンをクリック

図4　会議を開始する画面に切り替わるので、会議の件名を入力し、「今すぐ会議」をクリック

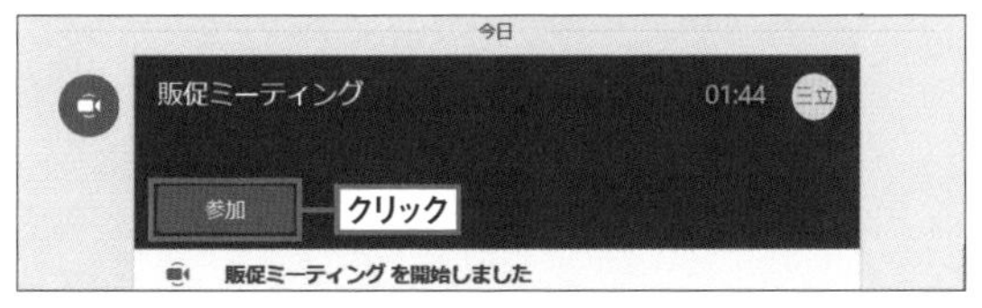

図5　チャネルのメンバーにはTeamsで会議開始のメッセージが届くので、「参加」をクリックすることで会議に参加できる

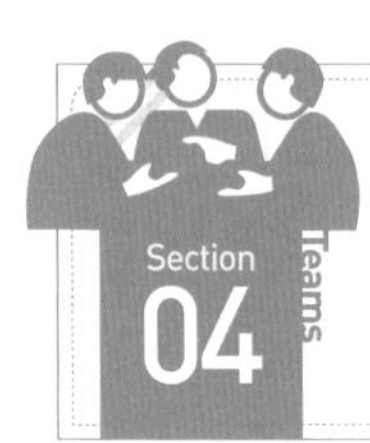

Section 04 Teams

人物の背景をぼかしたりマイクをオン／オフしたりする

ビデオ会議というと、一昔前ならば必要設備を装備した専用会議室を使って行うのが一般的だったし、インターネット経由のシステムで手軽さが増した今でも、会議室の大型ディスプレイを前にして行うイメージが強い。しかし、Teamsでは会議室の装置だけでなく、個人のパソコンやスマホがビデオ会議の端末になる。テレワークの切り札としてTeamsのビデオ会議を活用するとき、会議をする場は「自宅」である可能性が高い。自分の後ろに洗濯物を干してはいないか、子どもの声が会議に突然

背景をぼかす

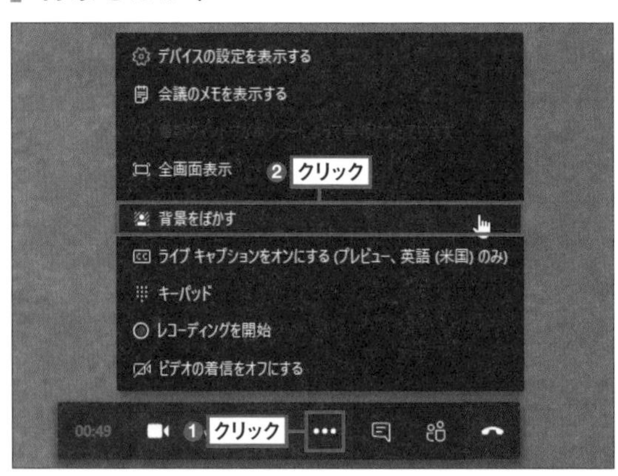

図1 テレビ会議の画面のメニューバーから「…」をクリックし、開いたメニューから「背景をぼかす」を選ぶ

図2 人物を自動的に認識して、背景をぼかしてくれる。かなりキレイにぼけることが分かる

飛び込んできたりしないか――。心配事が増えることになる。

Teamsでは、テレワークでの利用も見込んで、映像や音声を制御する機能を盛り込んでいる。その一つが映像の「背景をぼかす」機能だ。ビデオ会議に参加する人物を自動的に認識し、その人の背景の詳細が分からなくなるようにぼかしてくれる。これなら、少し散らかった自宅からでも会議に参加しやすくなる（**図1、図2**）。なお、背景をぼかす機能には、高度なベクトル拡張機能2（拡張命令セット：AVX2）がサポートされているCPUが必要である。

もう一つが、カメラやマイクを適宜オン／オフできる機能。会議参加前に画面下のスライドスイッチでカメラ、マイクのオン／オフを指定できるほか、会議中でも画面下からすぐにオン／オフの切り替えが可能だ。会議中に自宅にいる子どもが話しかけてきたりしたら、その場でマイクをオフにして、会議の参加者に子どもの声が届かないようにするといった対処ができる（**図3、図4**）。ちなみに、図3のカメラとマイクの間にあるスライドスイッチは「背景をぼかす」スイッチで、会議開始前に背景をぼかす設定をしておける。

マイクやカメラをオン/オフする

図3　会議に参加する前に設定する場合は、会議参加画面の下のマイク、カメラのアイコンがあるスライドスイッチでオン／オフを切り替える

図4　会議に参加した後でマイクやカメラのオン／オフを切り替えるときは、メニューのカメラ、マイクのアイコンをクリックすればOK

Section 05 Teams

会議を録画する

Teamsのビデオ会議は、録画することができる。会議に参加した人だけでなく、欠席した人も会議の内容を振り返って情報を共有するためにも役立つ。録画開始はビデオ会議の画面から2クリックで行える(**図1、図2**)。録画した内容は動画配信サービスのMicrosoft Streamに記録され、Teamsのチャネルから簡単に呼び出して閲覧できる(**図3、図4**)。なお、レコーディング開始時には、上部にプライバシーについてのバーも表示され、録音されていることを全員に知らせることを推奨するメッセージも表示される。

動画で会議を記録する

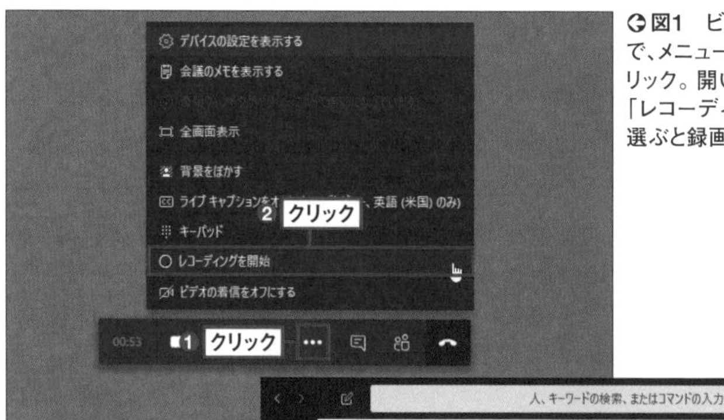

図1 ビデオ会議の状態で、メニューバーの「…」をクリック。開いたメニューから「レコーディングを開始」を選ぶと録画が始まる

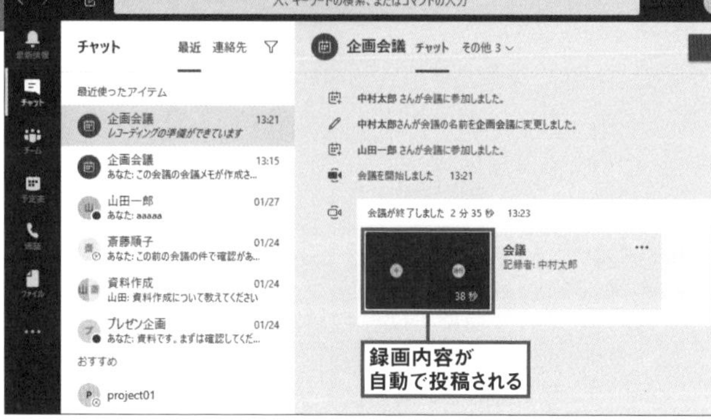

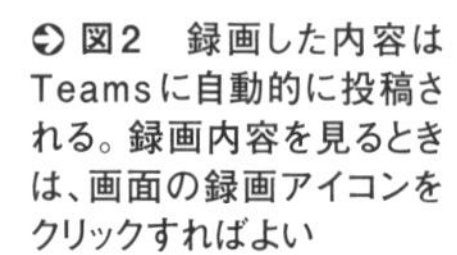

図2 録画した内容はTeamsに自動的に投稿される。録画内容を見るときは、画面の録画アイコンをクリックすればよい

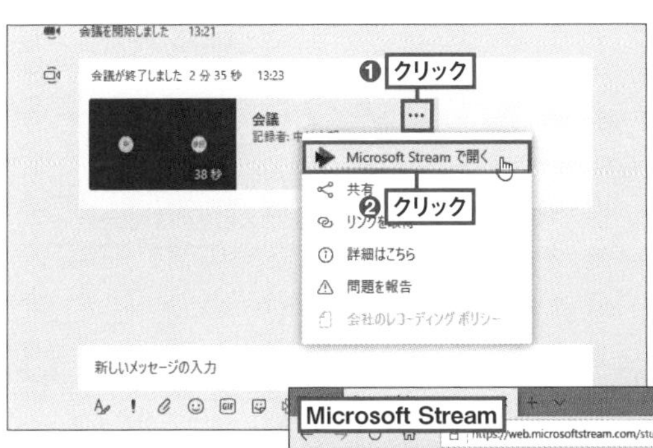

◐ 図3　Teamsの会議録画機能は、動画配信サービス「Microsoft Stream」を利用している。動画右上の「…」をクリックして「Microsoft Streamで開く」を選ぶ

◑ 図4　するとStreamのWebサイトが表示され、録画内容をこちらでも確認できる

スマホの場合

出先からでも録画を開始

移動中にスマホで会議に参加していたけれど、途中で客先に到着してしまう。そんなときもTeamsならスマホから会議の録画を指定することで、後から会議の内容をキャッチアップできる。メニューからの操作で簡単に「レコーディングを開始」することができる（**図5**）。

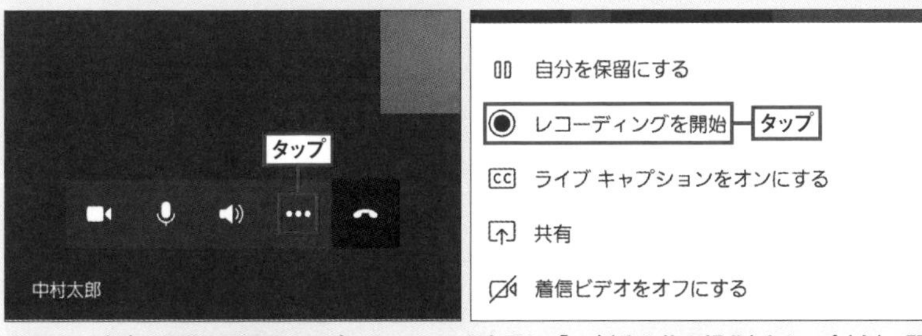

◓ 図5　ビデオ会議の画面をタップしてメニューを表示し、「…」（その他の操作）をタップ（左）。開くメニューで「レコーディングを開始」をタップする（右）

デスクトップやアプリのウインドウを共有する

ビデオ会議で重要なことは、実は相手の顔がキレイに見えることではなくて、必要な資料を共有することだったりする。Teamsでは、メンバーのパソコンの画面やファイルを共有できる機能を用意して、会議をスムーズに進められるようにしている。

操作も簡単だ。ビデオ会議の画面のメニューから「共有」のボタンを選び、相手に

画面を共有する

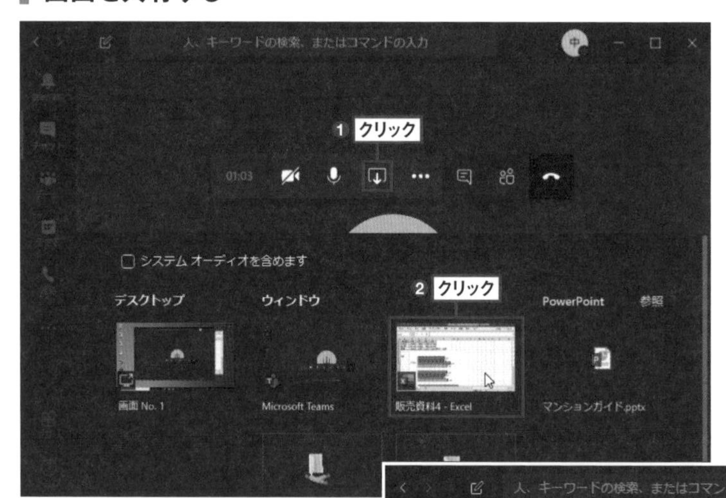

図1 ビデオ会議や通話をしているときに、メニューから「共有」ボタンをクリックし、相手と共有したいウインドウ（ここではExcelの画面）を選択

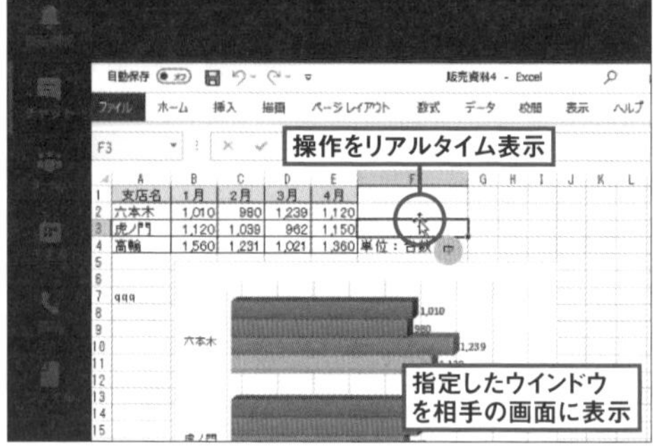

図2 すると相手のTeams画面内にこちらで選択したウインドウが表示される。画面の操作もリアルタイムに表示される

表示したいウインドウを指定すればよい。ファイルを開いておけば、表示するウインドウの選択肢として示される（**図1、図2**）。

共有したウインドウの画面が小さいときは、全画面表示にして見やすくすることもできる（**図3、図4**）。また、ビデオ会議に参加している相手がメンバーに共有している画面を、自分の側から操作の要求を出してコラボレーションを効率的に進めることも

全画面表示で見やすく

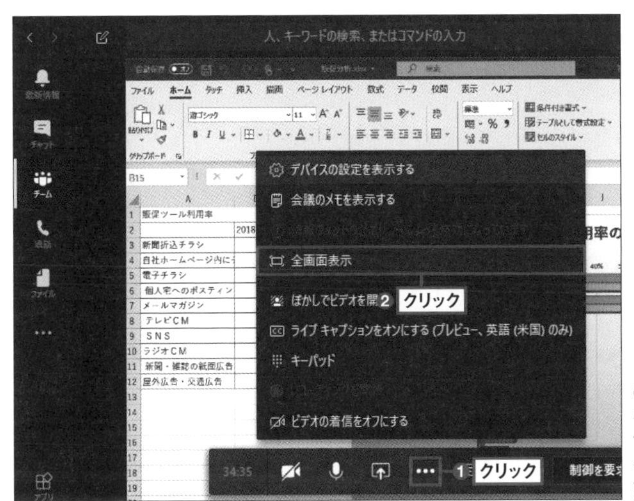

図3　共有している資料を全画面表示にして見やすくするときは「…」をクリックして開くメニューから「全画面表示」を選択

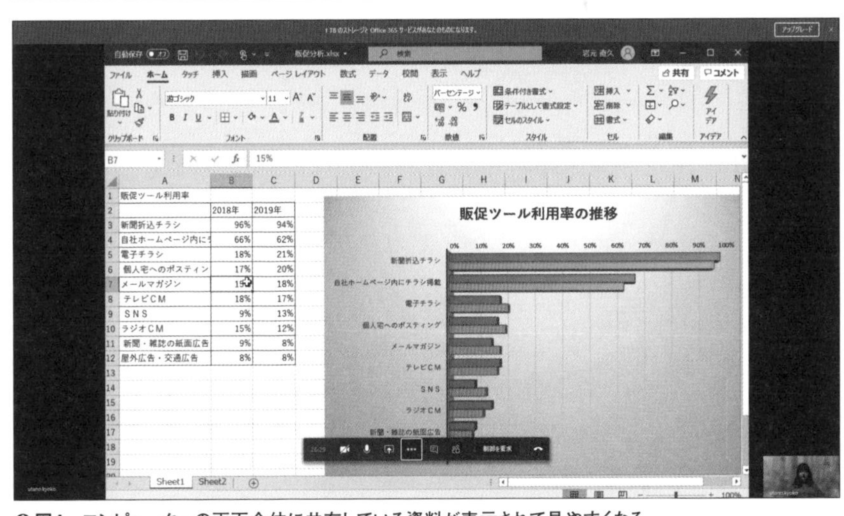

図4　コンピューターの画面全体に共有している資料が表示されて見やすくなる

できる。相手の画面を自分が操作しているときは、マウスポインターが自分のものと相手のものと2つ現れて、どこをお互いに指して議論しているかなどが明確に分かる（**図5～図7**）。

このほかにも、Teamsでは共有ホワイトボードも利用可能だ。その場でアイデアについて議論するようなとき、テキストベースのコミュニケーションではなく、図形やイラ

相手の画面を自分で操作する

図5　発表者の画面を自分が操作したいときは、「制御を要求」のボタンをクリックする

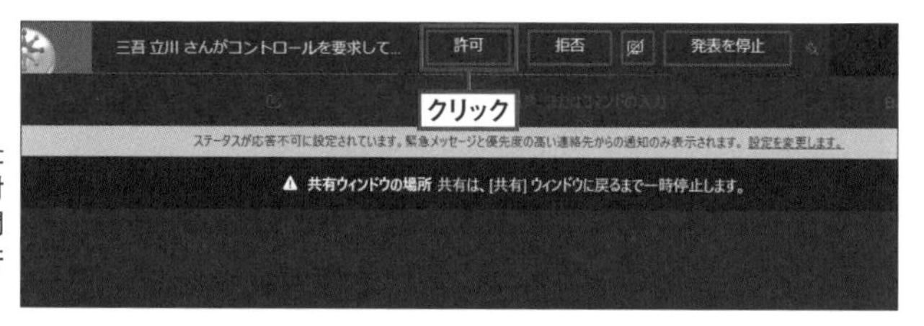

図6　操作を要求された発表者には、要求への対応を選択するメニューが開くので、問題なければ「許可」を選ぶ

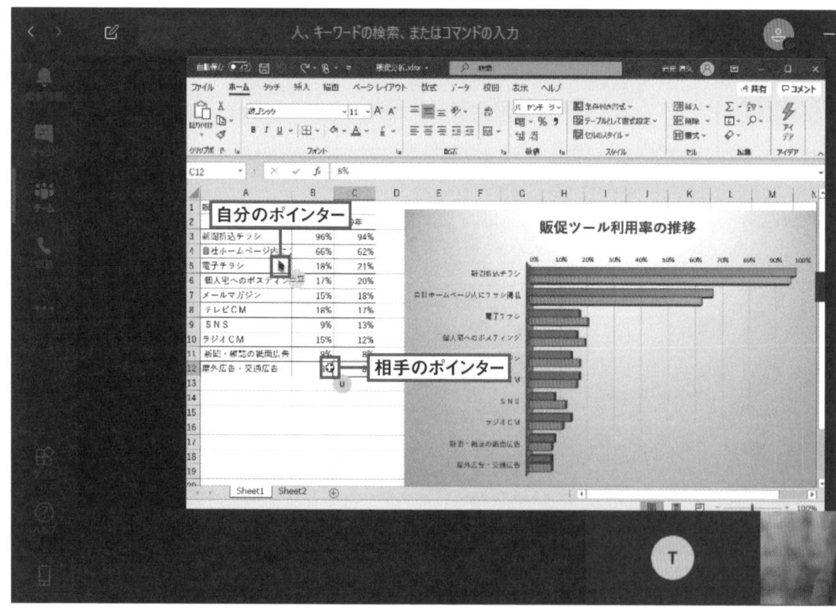

図7　画面には、発表者のマウスポインターだけでなく、権限を受けて操作している人のユーザーアイコンが付いたマウスポインターも表示される

ストなどが発想を刺激したり、状況を整理したりすることにつながる。メンバーがお互いにホワイトボードに書き込みながら議論できるツールだ（**図8〜図12**）。

こうした資料の共有の機能を使って、本社と営業所などの拠点だけでなく、テレワークや外出先の社員も含めた遠隔会議の効果を高められる。

ホワイトボードでアイデアを整理

図8　図1と同様に、メニューから「共有」のボタンをクリック

図9　共有の候補中に「ホワイトボード」のアプリが見える。「Microsoft Whiteboard」を選ぶ

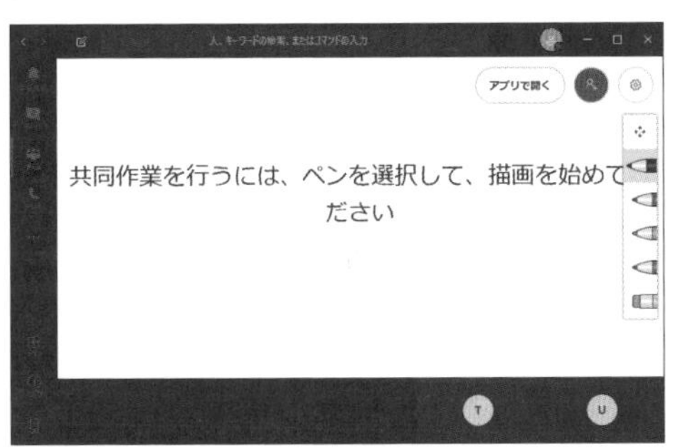

図10　ホワイトボードの画面が開いた。ペンを選んで画面上に書き込んでいこう

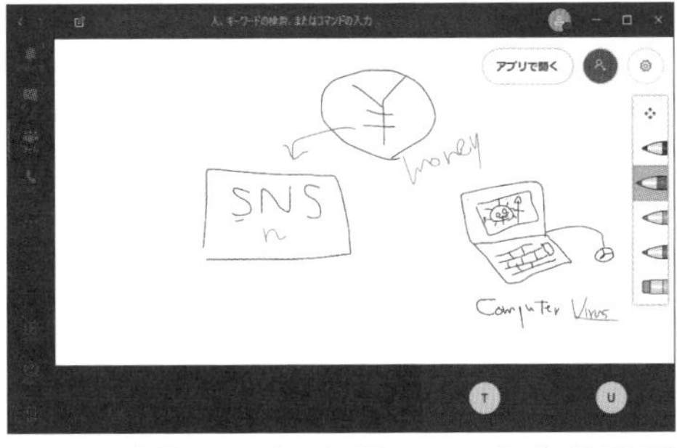

図11　複数のメンバーがお互いにホワイトボードの画面上に書き込むことができる

図12　会議に参加しているスマホでも、同様にホワイトボードを見て書き込める

スマホの場合

会議に参加しているスマホでも共有可能

Teamsでビデオ会議が行われようとしたとき、今自分がいるその場がパソコンを開ける環境ではないことも少なくないだろう。手元にはTeamsを利用できるスマホがある。それならば、「スマホで会議に参加しよう」となった場合でも、会議で共有している資料などは問題なくスマホで見られるので安心だ。

相手が画面を共有すると、スマホでもExcelなどのウインドウが表示される。スマホ側の設定で、横位置にして見やすくしたり、詳細が見えないようなときは画面を指でピンチアウトして拡大表示させたりすることもできる（**図13～図15**）。

スマホ側から画面を共有することもできる。ここではビデオを撮影している画面を共有してみた。現地の状況などを会議参加メンバーにリアルタイムで伝えるようなときに役立つ機能だ（**図16～図20**）。

ただし、スマホでビデオ会議に参加したり、ビデオ撮影画面を共有したりすると、パケット代金が高額になるリスクもある。社用スマホであれば利用規定を確認したり、従量料金がかからないWi-Fi接続できる環境で利用したりといった配慮も必要になる。

画面共有がリアルタイムに実現

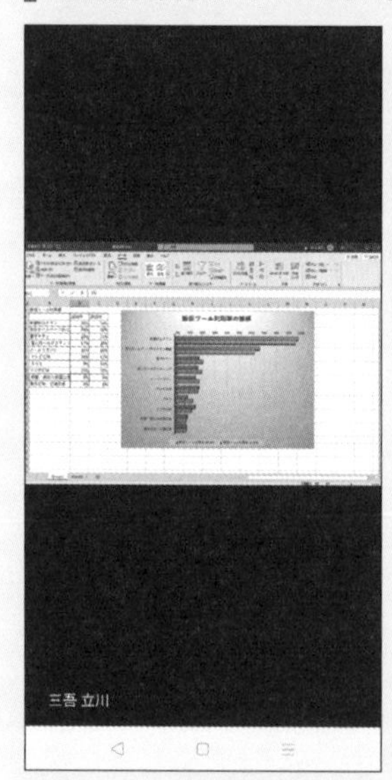

図13　スマホで会議に参加しているときも、相手が画面を共有するとスマホ画面に表示される

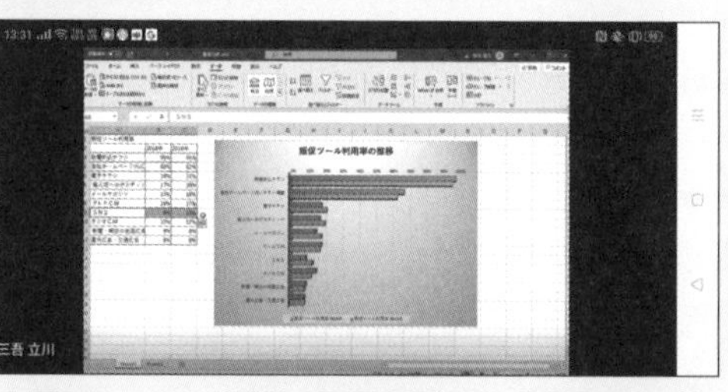

図14　スマホの機能で画面を回転して横位置にすれば、より見やすくなる

	A	B	C
1	販促ツール利用率		
2		2018年	2019年
3	新聞折込チラシ	96%	94%
4	自社ホームページ内に	66%	62%
5	電子チラシ	18%	21%
6	個人宅へのポスティン	17%	20%
7	メールマガジン	15%	18%
8	テレビCM	18%	17%
9	SNS	9%	13%
10	ラジオCM	15%	12%
11	新聞・雑誌の紙面広告	9%	8%

図15　スマホ画面のピンチアウトで議論している部分を拡大して確認することもできる。スマホからの参加者が増えると、資料を見やすく作る工夫も必要になりそうだ

スマホから共有することもできる

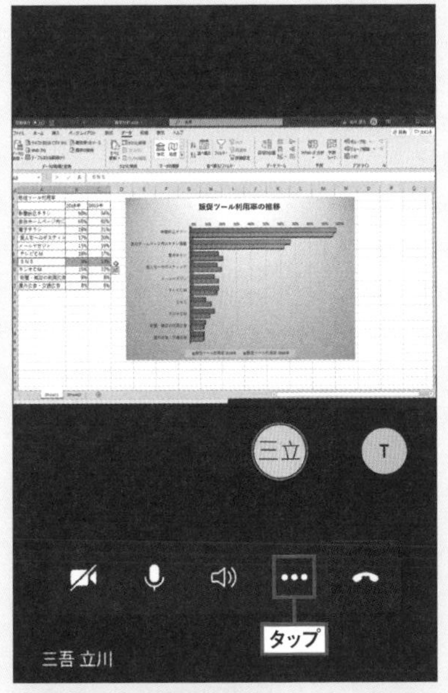

⊙図16　スマホ側から共有も可能。会議中のメニューから「…」を選ぶ

⊙図17　開いたメニューで「共有」をタップする

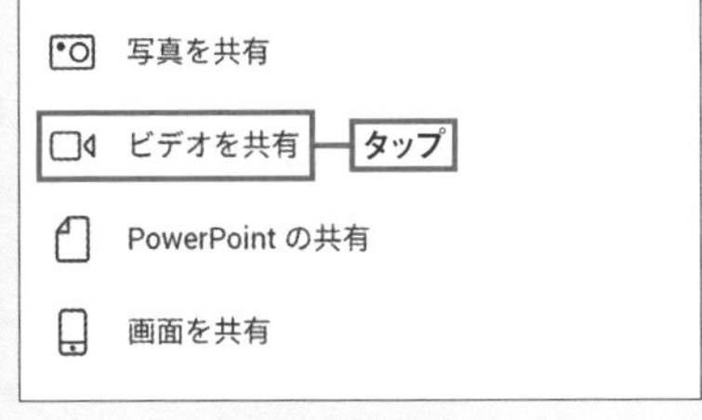

⊙図18　共有できる項目が表示される。ここではビデオを共有を選択してみた

⊙図19　「発表を開始」をタップすると、スマホの外側のカメラで動画を撮影しながらリアルタイムで発表が可能に

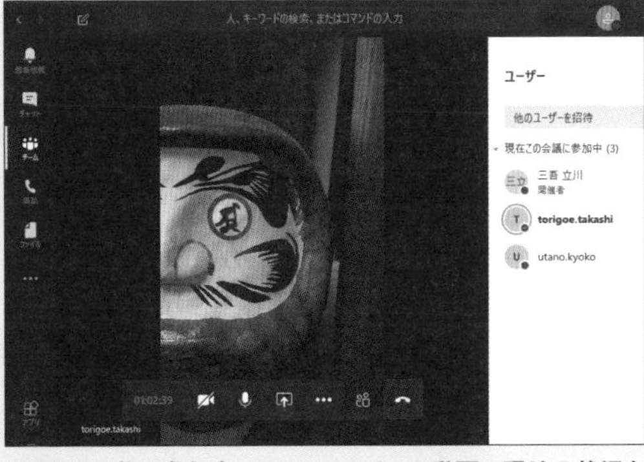

⊙図20　他の参加者にはリアルタイムの動画で現地の状況などを素早く伝えられる

会議を便利にする多彩な機能

このSectionでは、Teamsのビデオ会議を便利にする2つのワザを紹介する。一つはビデオ会議で会話をしながらチャットをする機能、もう一つは似ている機能だけれど「会議のメモを取る」機能である。

ビデオ会議で資料を見て会話による議論をしているときにも、数字や文字などを確認したくなることはある。そうしたときは、メニューから「チャット」のアイコンを選ん

会議中にチャットする

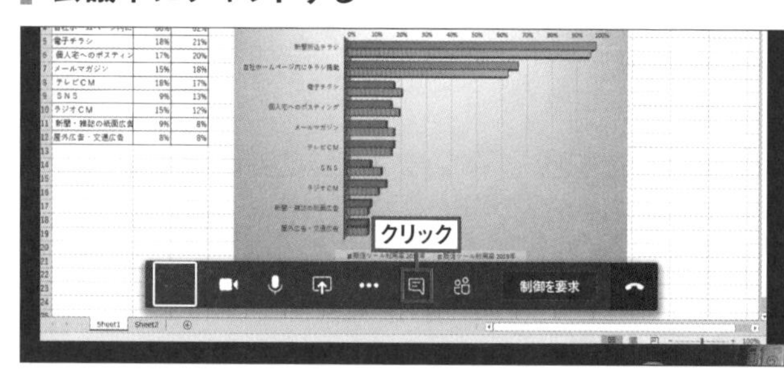

図1　会議中に文字でコミュニケーションを取る必要があったら、吹き出し形のチャットのアイコンをクリック

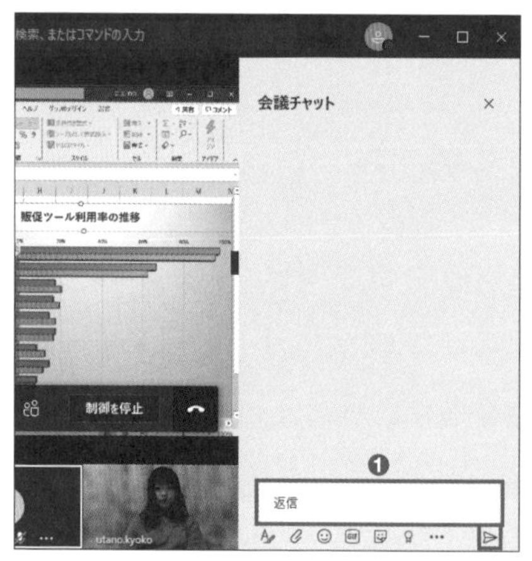

図2　会議チャットの画面で、「返信」欄にメッセージを記入して飛行機形のアイコンで「送信」

図3　会議中にリアルタイムで文字での連絡や確認ができる。チャットの内容はTeamsに保存される

で、チャット画面を開くとよい（**図1**）。画面の右側にチャット画面が開き、参加しているメンバーで文字のコミュニケーションがビデオ会議と同時に行える（**図2、図3**）。チャットの内容はTeamsのチャネルに保存されているので、後から確認することもできる。

会議の議事録を作成するときに使えるのが「会議のメモを取る」機能だ。開いたメモ欄に会議の内容や決定事項を逐次記入していき、同時に参加者が内容を確認すれば会議終了時には議事録が完成しているという会議の効率化が実現できるわけだ（**図4～図7**）。ノートやパソコンに取ったメモから議事録を起こして、全員に回覧してようやく公式の議事録が出来上がるといったこれまでの会議からは、格段にスピードアップした会議がTeamsを使うことで実現する。

会議中の議事録を作成する

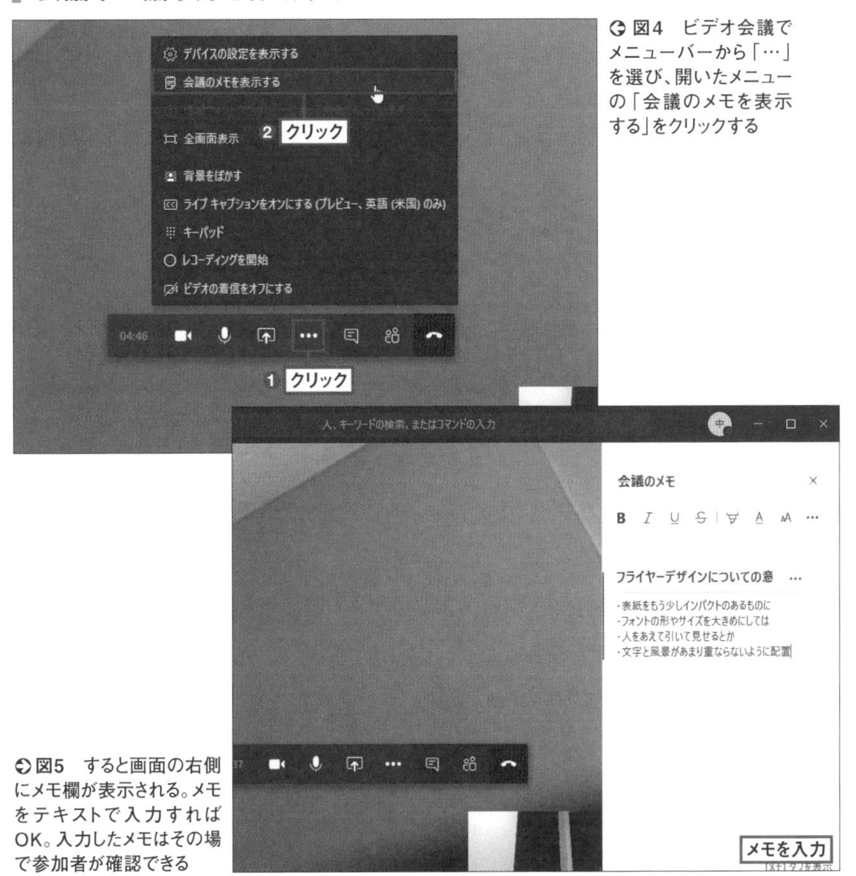

図4 ビデオ会議でメニューバーから「…」を選び、開いたメニューの「会議のメモを表示する」をクリックする

図5 すると画面の右側にメモ欄が表示される。メモをテキストで入力すればOK。入力したメモはその場で参加者が確認できる

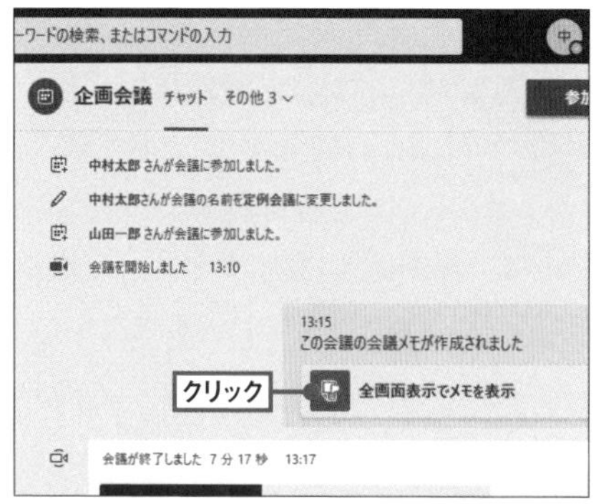

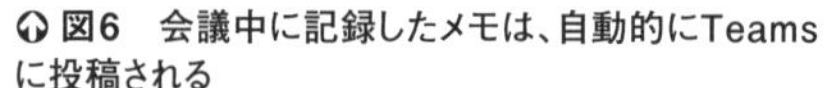
図6　会議中に記録したメモは、自動的にTeamsに投稿される

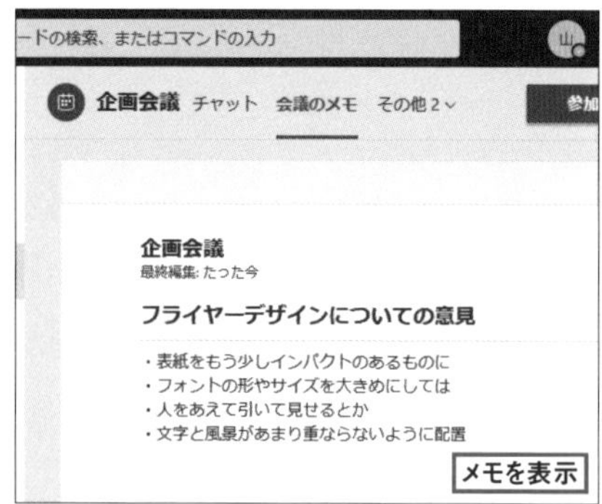

図7　メモのアイコンをクリックすることで内容を確認できる

スマホの場合

会議のメモの閲覧は可能

スマホでは、現時点ではメモの閲覧にのみ対応している。投稿画面の「その他」をタップし、「会議のメモ」を選ぶと表示できる（**図8**）。スマホで会議に参加していても、スマホから簡単に議事録やメモの確認ができるので、「見ていなかった、聞いていなかった」といった事態を防ぐことができそうだ。

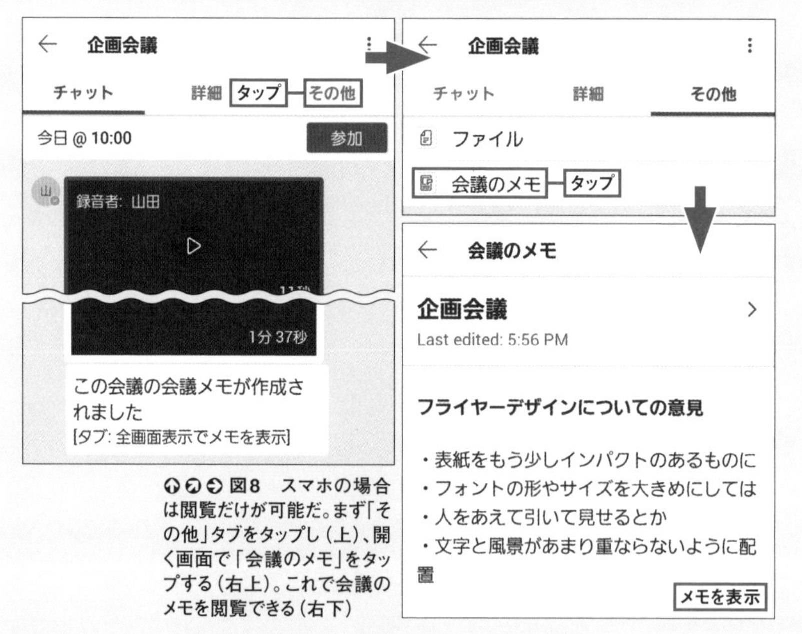

図8　スマホの場合は閲覧だけが可能だ。まず「その他」タブをタップし（上）、開く画面で「会議のメモ」をタップする（右上）。これで会議のメモを閲覧できる（右下）

第7章

もっと便利にTeamsを使う

- 他のアプリとの連携
- SharePointや地図機能を活用
- コマンドやショートカット

●Microsoftの公式動画（Teams使い方マニュアル）
『09-03 状態の通知を管理する』
https://youtu.be/0z5WVWcICYs

ほかのアプリと連携して活用する

Teamsを企業や組織のコミュニケーションで有効に活用するためのポイントとしては、ここまで見てきたメッセージやチャット、ビデオ会議といった機能の加えて、「ほかのアプリとの連携」という重要な機能がある。

Teamsでは、対応する数多くの外部アプリやクラウドサービスに機能を利用できる。言い換えれば、Teamsがさまざまなアプリのポータルサイトのような役割を担い、業務をワンストップで行えるようにしてくれるというわけだ。

Teamsの中でほかのアプリを使える

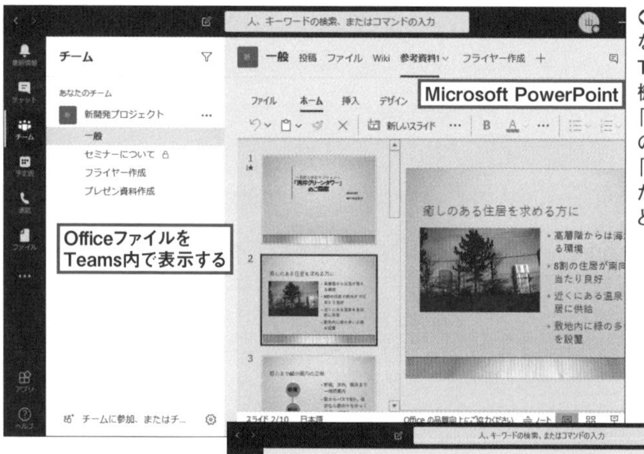

図1 Teamsはさまざまなアプリと連携して、Teams内で他のアプリの機能を利用できる。例えば、「Teams内でほかのアプリのファイルを開く」ことや、「ほかのアプリから入手したデータを投稿する」ことなどが可能だ

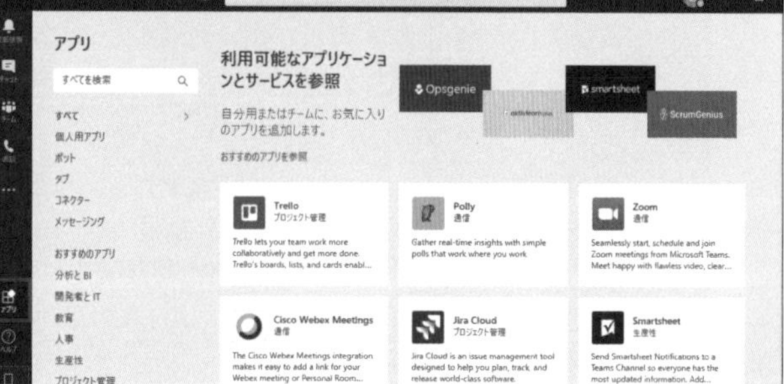

図2 Teamsと連携できるアプリを「アプリ」アイコンで一覧を表示。ファイルや情報を共有できる「SharePoint」、アンケートができる「Forms」などのマイクロソフト製品だけでなく、他社のアプリも多い

Teams はOffice 365のサービスの1つなので、Officeアプリとの親和性は高い。チームのチャネルに届いたメッセージに添付されたOfficeファイルならば、クリックするだけでTeams内での閲覧や簡単な編集ができる（**図1**）。連携できるアプリは、画面左下の「アプリ」アイコンから確認できる（**図2**）。

Teams内でOfficeファイルをクリックしたときには、オンライン版のOfficeサービスを利用して表示や編集を実現するため、パソコンにOfficeのデスクトップ版アプリがインストールされていなくてもよい（**図3**）。Officeアプリの共同編集機能を利用すれば、複数のメンバーでファイルを同時に編集可能だ（**図4**）。パソコンにデスクトップ版のOfficeアプリがインストールされている場合は、デスクトップ版でファイルを開いて高度な編集をすることもできる（**図5**）。

Officeファイルを Teamsで閲覧・編集

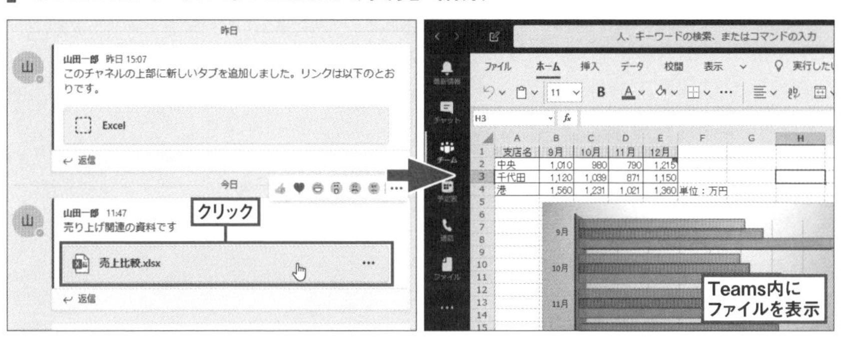

図3　チームやチャネルへの投稿に添付したり、チャットで送ったOfficeファイルは、クリックすると開くことができる（左）。これは、オンライン版Officeの機能を利用したもので、Teamsのウインドウ内で表示されるもの（右）

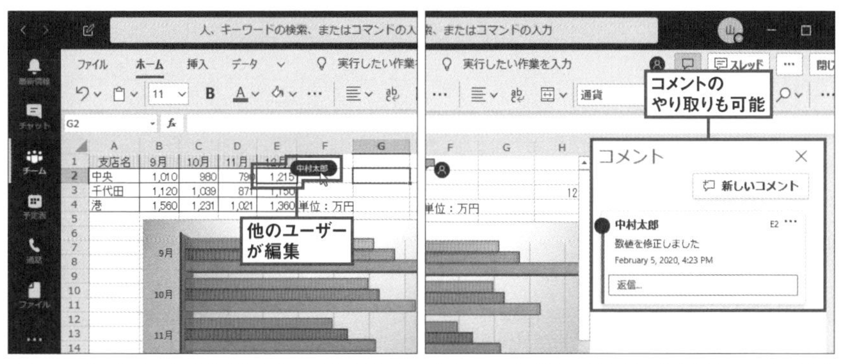

図4　開いたファイルは通常のファイルと同様に、複数のユーザーによって編集できる（左）。コメント機能を使うことでメッセージのやり取りも可能だ（右）

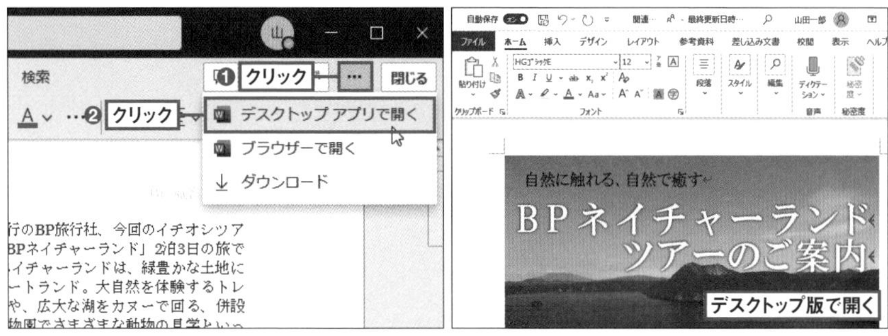

図5　Teamsで送られたOfficeファイルは、デスクトップ版アプリでも開ける。右上の「…」をクリックして開くメニューから「デスクトップアプリで開く」を選ぶことで（左）、通常のデスクトップ版アプリで開ける（右）

スマホの場合

Officeファイルはスマホでも利用可

スマホのTeamsアプリでもOfficeファイルを閲覧・編集が可能だ。添付ファイルをタップすると、オンライン版でファイルが開く。モバイル版のOfficeアプリがスマホにインストールされていれば、タップするとモバイル版Officeアプリでファイルが開く（**図6**）。

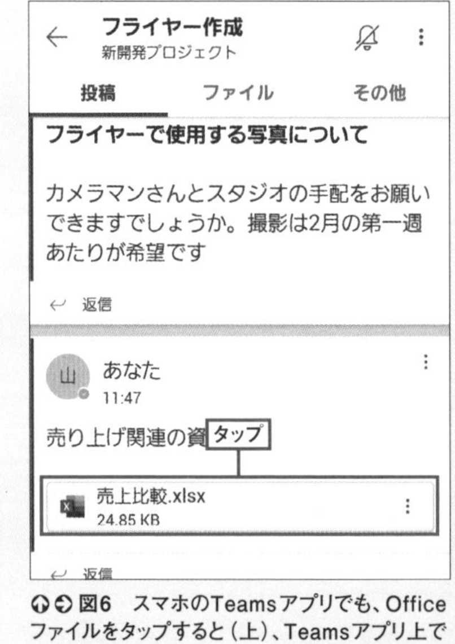

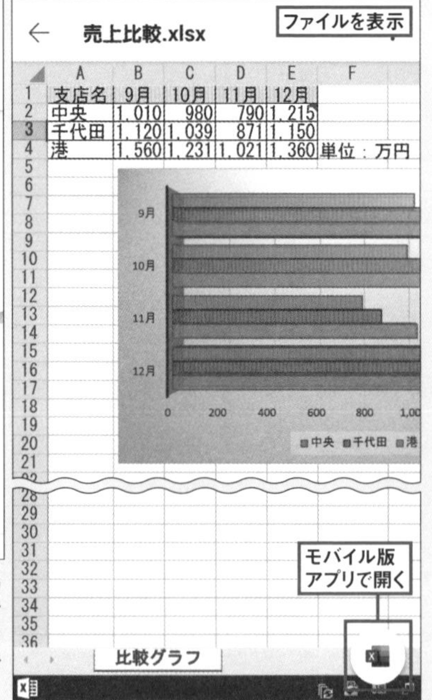

図6　スマホのTeamsアプリでも、Officeファイルをタップすると（上）、Teamsアプリ上で内容を表示できる（右）。さらに画面上のアプリアイコンをタップすることでモバイル版アプリで開くこともできる

Teamsコラム 4

Teamsユーザーの本音
ここが「グッド」、ここが「ちょっと」

コミュニケーションの姿を変化させていく可能性が高い「Teams」。実際のユーザーの声から、「グッド」なポイントと、「ちょっと」なポイントをピックアップしてみた。さまざまな声がある中で、共通して挙がった点を中心に紹介する。

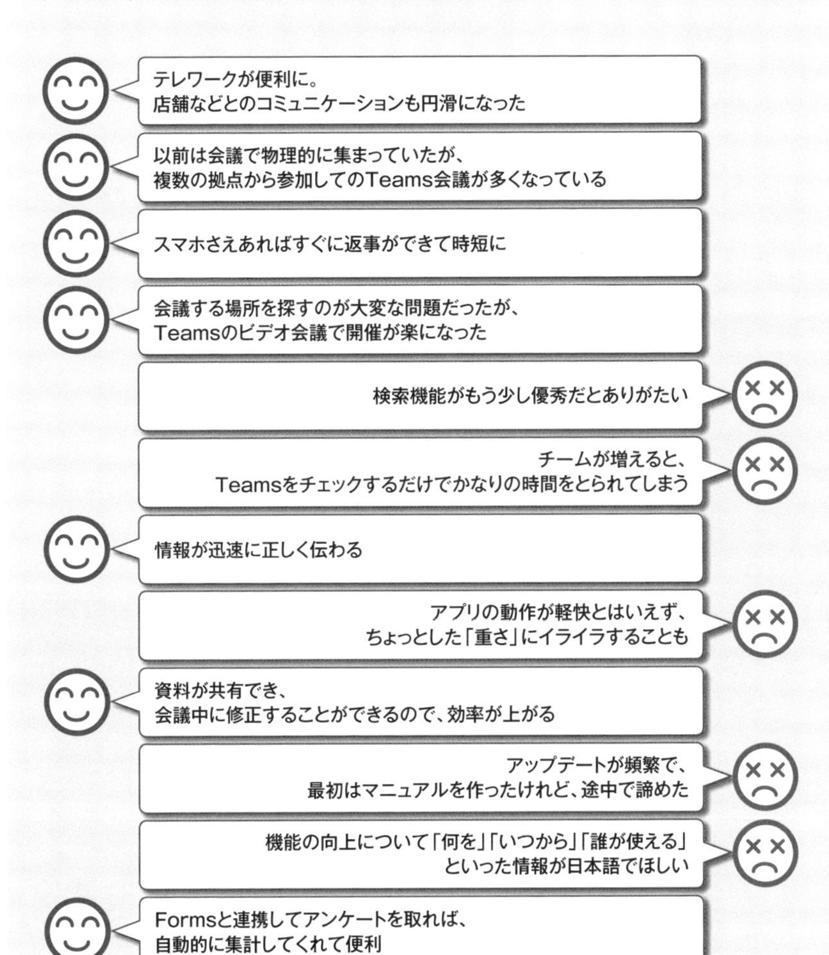

タブを活用してファイルやサイトに簡単アクセス

よく利用するファイルや外部アプリを使いやすくする機能としてTeamsには画面上部に「タブ」が用意されている。例えば、月次の実績報告などのExcelファイルをタブにしておけば、会話やファイルのタブで共有されたExcelファイルを探すことなく、毎月の締めの作業が簡便にできる。複数の担当者がExcelを編集できるので、各担当の実績が期日までに入力されていれば、「タブを開くだけで報告資料が出来上がる」といった利便性が得られる。

新規にタブを追加するときは、タブ一覧の右にある「+」ボタンをクリックする（図

タブの追加や設定

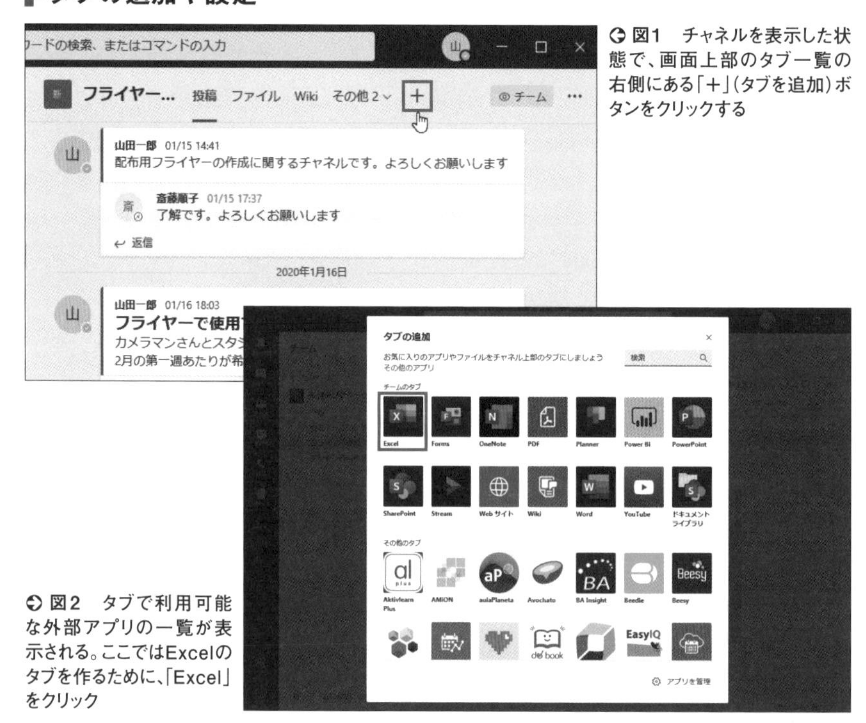

図1 チャネルを表示した状態で、画面上部のタブ一覧の右側にある「+」（タブを追加）ボタンをクリックする

図2 タブで利用可能な外部アプリの一覧が表示される。ここではExcelのタブを作るために、「Excel」をクリック

1)。すると、タブで利用可能な外部アプリの一覧が表示されるので、使いたいアプリを選択する(**図2**)。例として、アプリ一覧から「Excel」をクリックした。

次の画面では、タブの名前の入力と、開くファイルの選択をして、「保存」をクリックする(**図3**)。こうすることで、作成したタブを選ぶだけで指定したExcelファイルがTeams内で開くようになる(**図4**)。

タブの名前を変更したり、タブを削除したりするときは、タブ名の横の「∨」をクリック。プルダウンで表示されたメニューから、名前の変更や削除の項目を選べばよい。「名前の変更」の場合は、開いた画面でタブ名を編集して保存する(**図5、図6**)。

外部アプリを利用したタブでは、タブの内容についてメンバー間で議論するための機能も用意してある。タブを開いた画面の右にある吹き出し形の「会話」アイコンをクリックすると、画面右に会話のウインドウが表示される。ここでチャットと同様の方法でメッセージを交換できる(**図7**)。

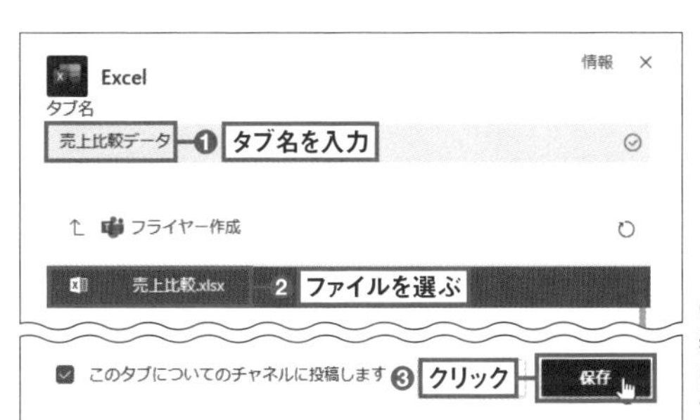

図3 開いた画面でタブ名と表示するファイルを選ぶ。ここでは「売上比較データ」のタブ名で、ファイルを選択して「保存」

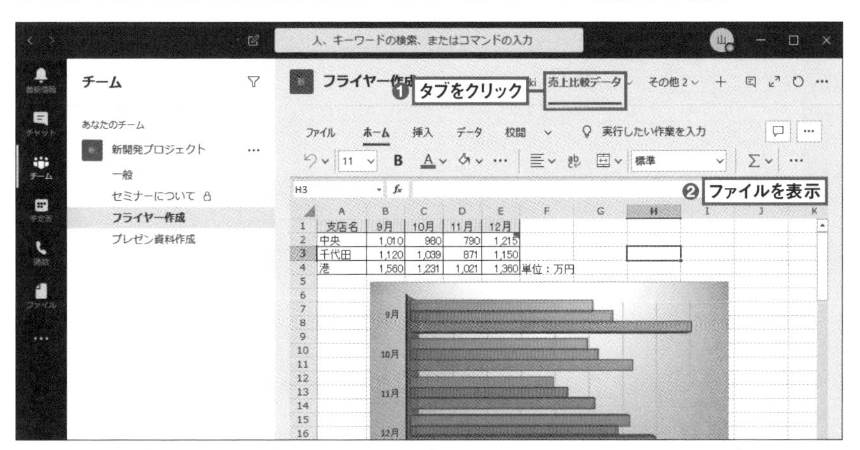

図4 タブに「売上比較データ」が追加された。タブをクリックするだけですぐにファイルのデータを表示できる

Excel以外に、WordやPowerPointのファイル、PDFなども同様の方法でタブに表示できる。タブを追加する図2の画面で「Webサイト」を選べば、競合他社の製品ページや、出張の多い部署ではホテル予約サイトなど、よくアクセスするWebサイトも、ブラウザーを開くことなくTeams内で表示できる。

対応する外部アプリやサービスをタブで直接利用する例として、タスク管理を行う

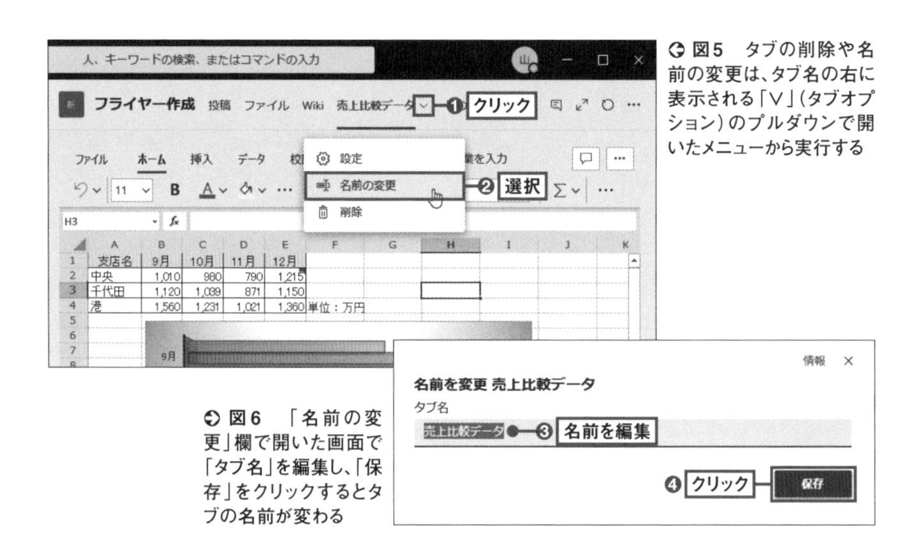

図5 タブの削除や名前の変更は、タブ名の右に表示される「∨」（タブオプション）のプルダウンで開いたメニューから実行する

図6 「名前の変更」欄で開いた画面で「タブ名」を編集し、「保存」をクリックするとタブの名前が変わる

タブの内容をメッセージ交換

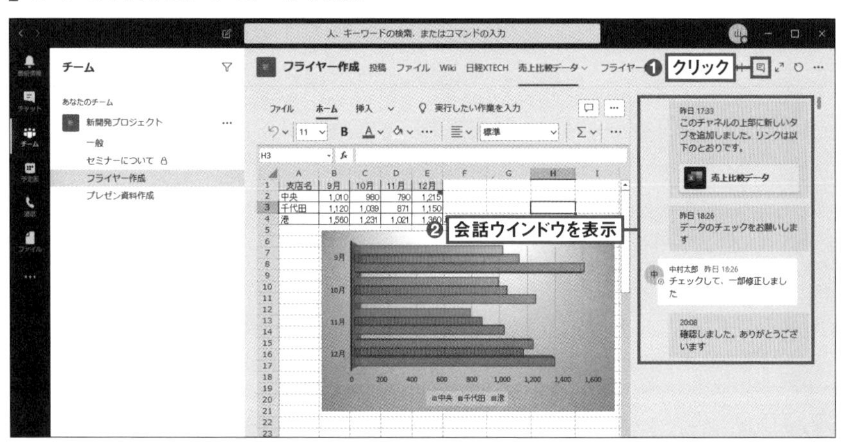

図7 タブで表示したファイルについて、メッセージを交換することもできる。タブ名の右の吹き出し形の会話アイコンをクリックすると、会話ウインドウが開く

Plannerと連携

図8　TeamsはOffice以外のアプリとの連携機能も備える。例えばチームのタスク管理ツールである「Microsoft Planner」はTeamsと連携できる

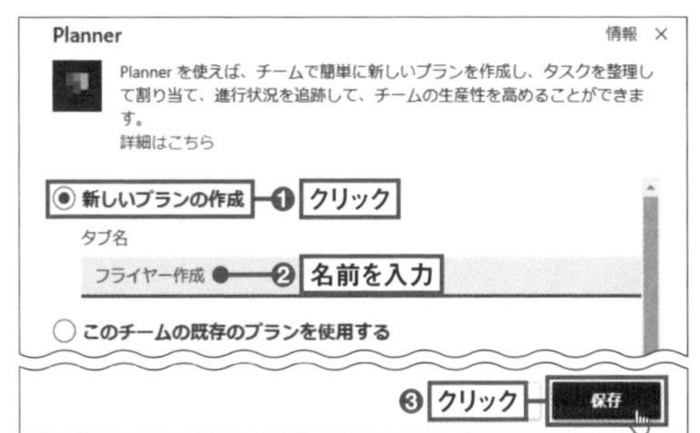

図9　図1、図2で示した新規タブの追加の手順で、「Planner」を選ぶ。開いた画面で、「新しいプランの作成」か「このチームの既存のプランを使用する」かを選ぶ

図10　Teams上のタブを切り替えることでPlannerの画面が表示され、タスク管理のための機能を直接利用できるようになる

マイクロソフトのサービス「Microsoft Planner」の利用法を紹介する。Plannerは大規模プロジェクト管理と個人のスケジュール管理の中間に当たる“チームのタスク”を可視化するツール（**図8**）。図2でPlannerを選び、タブの名前とタスク管理の単位である「プラン」を設定すると、TeamsのタブでPlannerによるタスク管理の機能を直接使えるようになる（**図9、図10**）。

企業や組織でOffice 365を導入している場合、全社員や大きなグループ単位に向けたファイル・情報を共有するためのストレージとしてSharePointを利用していることも多い。TeamsのタブはSharePointにも対応しているため、タブにSharePointの共有フォルダーを指定して割り当てると、タブを選択するだけでSharePointのファイルに簡単にアクセスできるようになる（**図11〜図13**）。

このように、タブを追加することで、メンバー全員が業務に必要なファイルやサービスに直接アクセスできるようになる。利用の可否は企業のポリシーや設定によるが、業務効率を向上させるための一つのポイントになる機能として使いこなしたい。

SharePointライブラリと連携

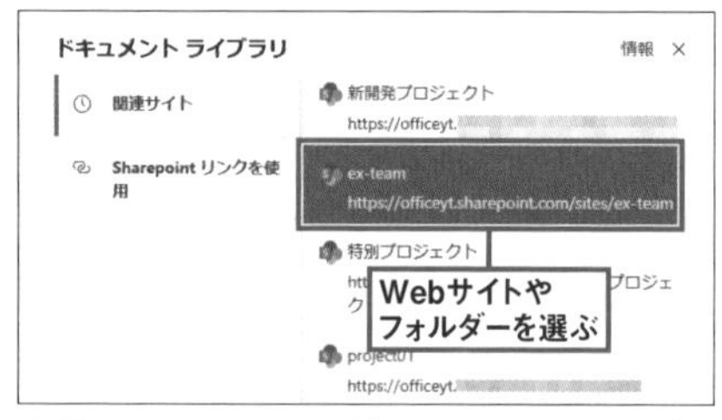

図11　Plannerと同様、図1、図2の新規タブ追加の手順で「ドキュメントライブラリ」を選ぶ

図12　SharePointライブラリと連携していると分かるタブ名を付けて「保存」をクリック

図13　作成したタブを開くとSharePointに保管したファイルを利用できる

スマホの場合

スマホではタブの新規作成はできない

スマホでも、チャネルの画面で「その他」をタップするとタブの一覧が表示され、タップすればタブを利用できる（**図14、図15**）。ただし、記事執筆時点では全ての外部アプリが利用できるわけではない。またスマホではタブの新規作成はできず、パソコンで操作することになる。

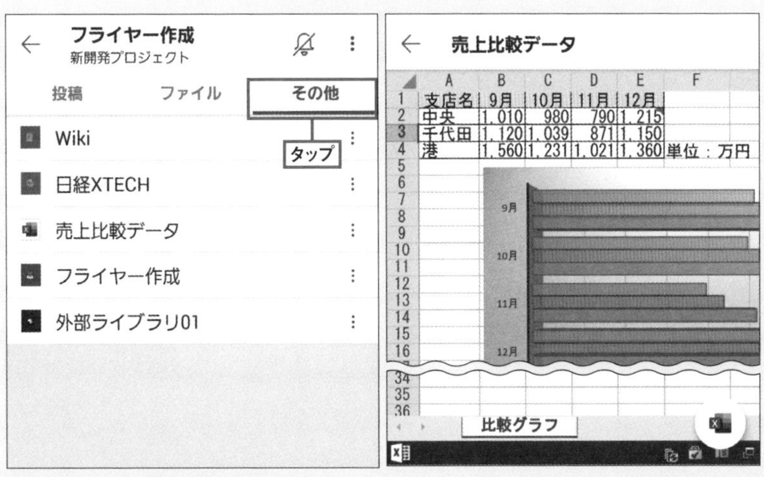

図14　チャネルで「その他」のタブを選び、開きたいタブを選ぶ（左）。Excelの場合はオンライン版Excelでファイルが開く（右）

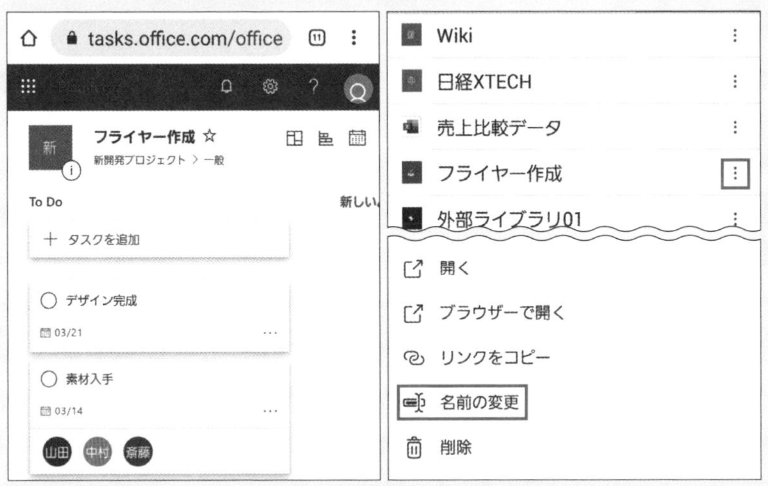

図15　「Planner」やWebサイトの場合は、Webブラウザーが起動して該当のページが開く（左）、タブ名の右の「⋮」をタップすることで、タブ名の変更や削除が可能（右）

プレゼンスで状況を伝える

Teamsでコミュニケーションを取るとき、相手の状況を示す在席情報(プレゼンス)が分かっていると連絡がスムーズに進む。チームのメッセージを投稿したりやチャットをしたりするにしても、在席か離席かが分かれば先回りして対応ができる。

Teamsでは在席確認の機能が充実していて、各所に表示されるメンバーのアイコンの右下にマークが示され、在席確認ができるようになっている。例えば、「緑の

コミュニケーションの前にまず在席確認

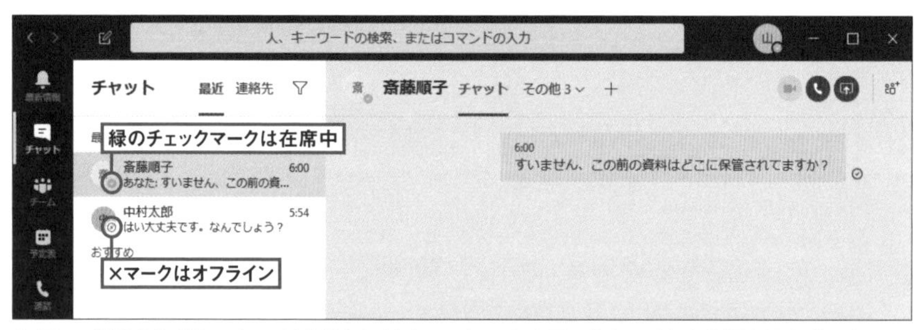

図1 相手の名前とアイコンが表示されるとき、アイコンの右下にあるのが在席状況を示すプレゼンスのマークだ。緑のチェックは「在席中」、黄色は「一時離席」、×ならばオフラインを示す

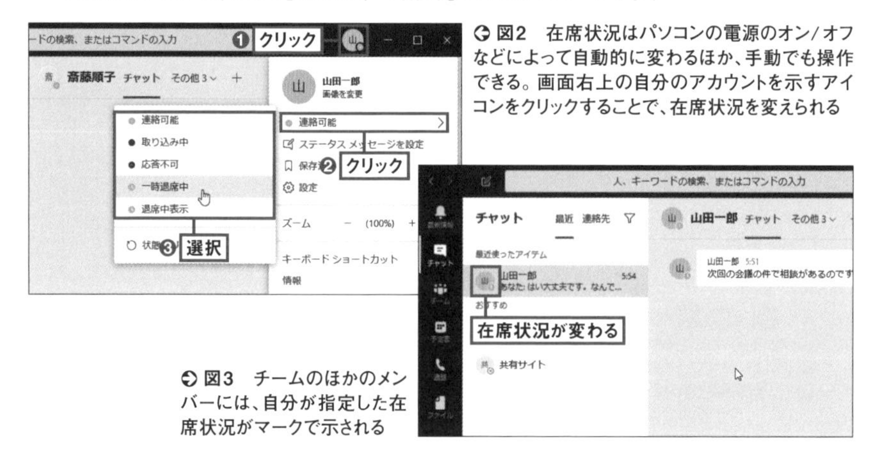

図2 在席状況はパソコンの電源のオン/オフなどによって自動的に変わるほか、手動でも操作できる。画面右上の自分のアカウントを示すアイコンをクリックすることで、在席状況を変えられる

図3 チームのほかのメンバーには、自分が指定した在席状況がマークで示される

チェックマーク」なら在席中、「黄色」なら一時離席、「×」ならオフラインといった具合だ（**図1**）。在席確認は、パソコンの電源のオン／オフ、Outlookの予定などから自動的に判断されるほか、手動で設定することもできる（**図2、図3**）。

在席状況を表示するときに、「離席しますが16時に戻ります」とったメッセージを表示する機能もある。設定は自分のアカウントのアイコンをクリックして表示される「ステータスメッセージを設定」から行う。メッセージをここで設定しておけば、ほかのメンバーが自分のアイコンにマウスポインターを動かしたときに設定したメッセージが表示される（**図4～図6**）。

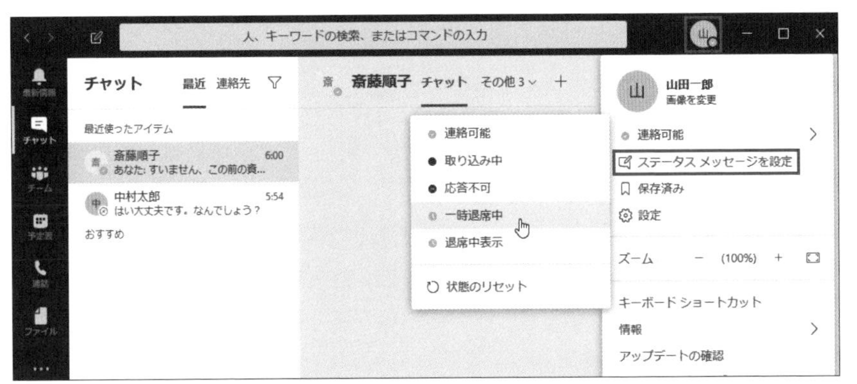

図4　在席状況にメッセージを付けるときは、アカウントのアイコンをクリックして「ステータスメッセージを設定」を選ぶ

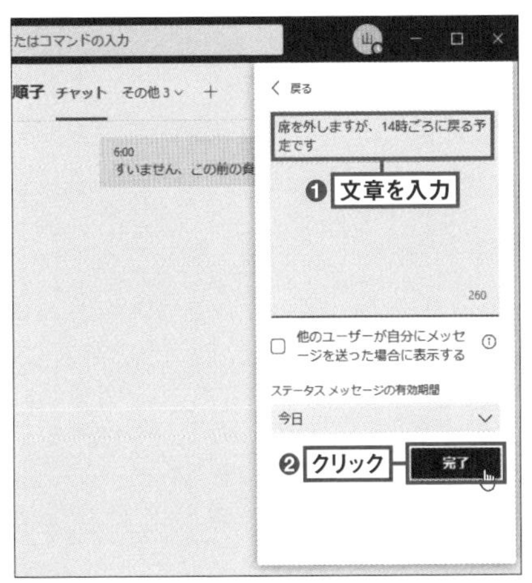

図5　開いた画面にステータスメッセージとして表示させたい文章を入力して「完了」

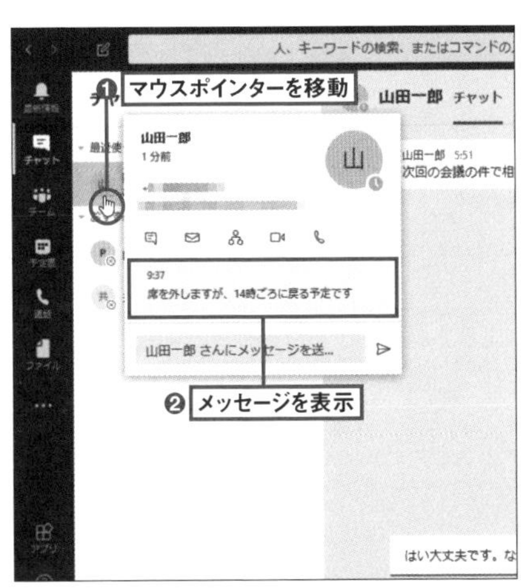

図6　ほかのメンバーの在席状況確認画面に、メッセージを表示させることができた

通知を活用する

Teamsでは、投稿などの際にさまざまな通知が表示される。内容によっては、投稿があったことをメールで知らせたり、音が鳴ったりすることもある。こうした通知をカスタマイズして、自分の使い勝手に合わせよう。

通知のカスタマイズは、画面右上の自分のアカウントのアイコンをクリックして、開いたメニューの「設定」から行う。開いた設定画面の左側の一覧から「通知」を選ぶと、通知の設定項目が右に表示される（**図1**）。

ここでは、各項目に対して「バナーとメール」「バナー」「フィードにのみ表示」「オフ」などの設定が用意され、自在に切り替えられる。ちなみにバナーは、デスクトップ画面の右下にポップアップする小さなウインドウのこと。フィードとは、画面左の「最新情

通知をカスタマイズする

図1 画面右上の自分のアカウントのアイコンをクリック。開いたメニューから「設定」を選ぶ（左）。設定画面が開くので、「通知」を選ぶと詳細な通知設定が行える（右）

報」などのアイコン上に小さく赤く表示される数字や、「最新内容」で表示される内容のことを示す。Teams全体の通知のカスタマイズは以上の方法で行うことができる。一方、自分が所属するチャネルに対しても、通知をきめ細かくカスタマイズできる。各チャネルの名称の右にある「…」をクリックして、「チャネルの通知」を選ぶという手順で行う。詳しくは、第3章のSection07「チャネルを活用する」(P.50)で紹介しているので参照してほしい。

スマホの場合

スワイプで通知設定へ

スマホでも通知の設定は可能だが、パソコンほど細かい調整はできないのでパソコンでカスタマイズすることをお勧めする。スマホで指定する必要があるときは、画面を左から右に「スワイプ」して表示されるメニューで「通知」の部分をタップして設定変更しよう(**図2**)。

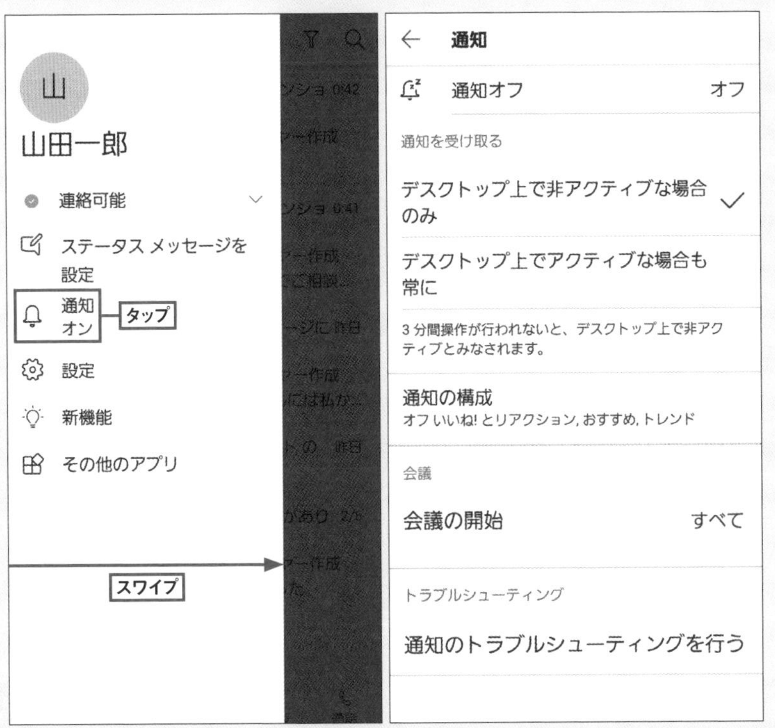

図2 スマホ画面の左端から右へ向けてスワイプするとメニューが開く。ここで「通知」をタップ(左)。開いた画面で適した通知の設定を行う(右)

地図機能を追加する

Teamsは、タブ以外でも外部のアプリやサービスのデータをメッセージなどに利用するような外部アプリとの連携機能を備えている。ここではマイクロソフトの検索サービス「Bing」の地図機能「Places」をTeamsで利用する例を示す。左欄の「アプリ」で「Places」を選び、連携機能を追加することで、投稿メッセージ内に指定した場所の地図データへのリンクを添付できるようになる(**図1～図3**)。

PlacesでTeamsに地図を追加

図1　左側のメニューから「アプリ」アイコンをクリック。右の一覧から「Places」を選択する(左)。開いた画面で内容を確認した上で、「追加」をクリックする(右)

図2　入力欄の下のアイコンにピン形の「Places」アイコンが追加された。これをクリックする(左)。開いた画面ではキーワード検索が可能で、場所を探して選択(右)

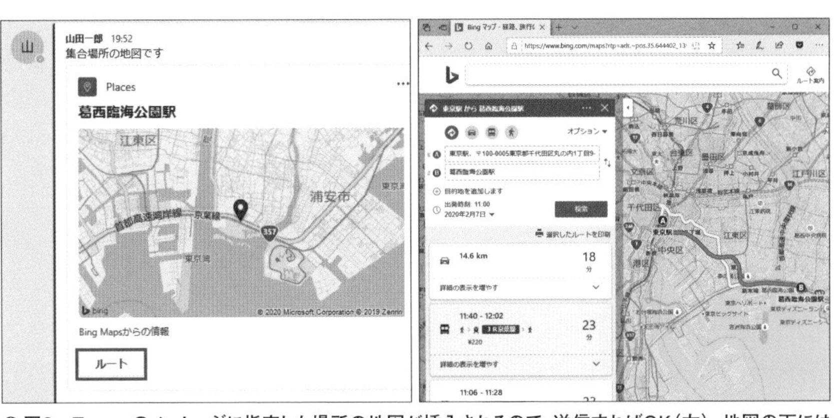

図3　Teamsのメッセージに指定した場所の地図が挿入されるので、送信すればOK（左）。地図の下には「ルート」のボタンがあり、これをクリックするとブラウザーで地図が開き経路探索などが可能になる（右）

スマホの場合

スマホでも地図機能を活用

スマホでは外部アプリとの連携の設定はできないが、利用は可能だ。例えばパソコン側でTeamsにPlacesを組み込むと、スマホでもPlacesアイコンが表示される。これをタップして選び、キーワード入力で場所を選ぶだけで地図付きのメッセージを投稿できる（**図4**）。

図4　入力欄の下のアイコンの右にある「…」をタップする（左上）。開いたメニューから「Places」を選ぶ（左下）。場所を検索して指定することで、地図を挿入できる（上）

コマンドやショートカットで便利に

Teamsの使い勝手に慣れてくると、よく行う操作をもっと素早く済ませたくなる。そんなときには、これから紹介する「コマンド」と「ショートカットキー」の2つの操作方法が役立つだろう。

1つめが、「コマンド」の利用だ（**図1、図2**）。コマンドは文字列による指定で、Teamsの機能を呼び出すもの。画面上部の文字ボックスに、「/」から始まる文字列（コマンド）を入力すると、直接機能を利用できるようになる。例えば「/call」と入力すると特定の相手にチャットを実行する、「/available」と入力すると自分の在籍状況を「連絡可能」に設定するといった具合だ。これを覚えれば、メニューであれこれ探したりせずにキーボードだけでスムーズにTeamsを操作できるようになる。

とはいえ、コマンドはなかなか覚えられないもの。そこでTeamsではサポートする機能を用意している。それが文字ボックスに「/」だけを入力すると、利用可能なコマ

コマンドで機能を素早く選択

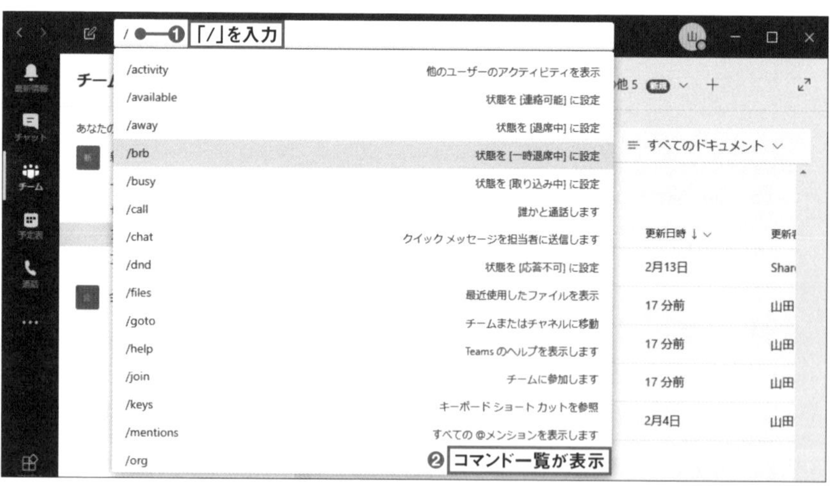

図1　画面上部の入力ボックスに「/」を入力することで、コマンドが一覧表示されて各種機能を利用できる。「/」に続けて文字を手入力しても、一覧から選択してもよい

ンドの一覧が表示される機能だ。ここで目的のコマンドを選べば、すぐに操作が行える。

2つめが、キー入力の組み合わせで機能を実行するショートカットキーである。例えば、「Ctrl」キーを押しながら「1」を押すと、画面が「最新情報」へ切り替わる。同様に「Ctrl」+「2」でチャット、「Ctrl」+「3」でチーム画面に切り替わる、といった具合だ。コマンドで「/keys」と入力するか、「Ctrl」+「.」(ピリオド)を押すと、ショートカットキーの一覧が表示されるので、参考にしよう(**図3**)。

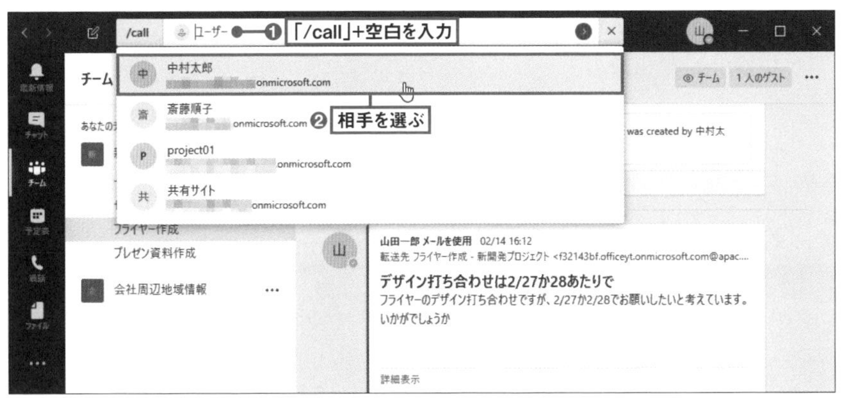

図2　チャットをする場合のコマンドは「/call」。「/call」に続けて空白を入力すると相手の候補が一覧表示されるので、相手を選んでチャットを始められる

ショートカットも活用できる

図3　図1のコマンド入力で「/keys」と入力すると、複数のキーを組み合わせて機能を手素早く実行できる「ショートカットキー」の一覧が表示される

保存先として SharePointを活用

ファイル・情報共有サービス「SharePoint」は、Teamsとはタブからの呼び出しやアプリ連携で密接な関係にあるが、さらに両者の関係を知っておくと便利に利用できる。実はTeamsとSharePointはサービス間で連携しており、Teamsで作成したチームは、実はSharePointのチームサイトとなっている（**図1**）。すなわち、Teamsに投稿したファイルの保存先は、SharePointのドキュメント ライブラリだったのだ。

この関係を知っていれば、例えばTeamsに投稿した添付ファイルを、自動で自分

ファイルは「SharePoint」に保存される

↑→ 図1　Teamsでチームを作成すると、自動的にSharePointのチームサイトが作られる。このファイルの管理はSharePointが行っている。Teamsに投稿したファイル（上）が、SharePointのドキュメント ライブラリに保管されていることが分かる（右）

のパソコンのハードディスクに保存するといったワザが使える。

SharePointには、ドキュメントライブラリ内のファイルをOneDrive同期クライアントを使ってローカルに同期させる機能がある。そこで、Teamsファイルの保存先のドキュメントライブラリを、OneDrive同期クライアントで同期させるように設定しておくことで、Teamsファイルもローカルのハードディスクや SSD に保存できるようになる（**図2、図3**）。

また、Teamsの「ファイル」タブでは、リストやタイルといったビューの切り替え、ファイルをロックするチェックアウトなど、SharePointの機能を透過的に利用できる。

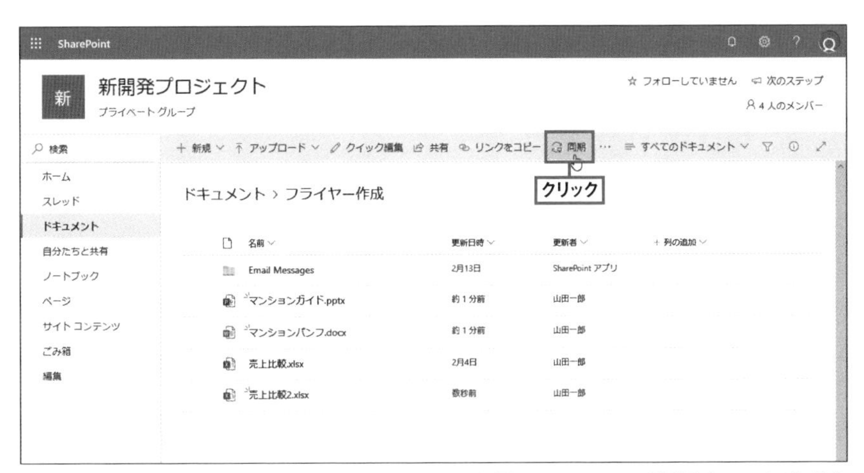

⬆ **図2** SharePointの画面で、ローカルに保存したいドキュメントライブラリを開いて「同期」をクリック

⬅ **図3** OneDrive同期クライアントを経由して、ローカルのハードディスクにTeamsのファイルを自動的に保存できる

第8章

企業での Teams活用事例

社内連絡をTeamsに一本化 1年で2万ユーザーに拡大

NTTコミュニケーションズ

業種：**通信**

Teams利用開始時期：**2018年11月**
Teamsユーザー数：**約2万**

導入成功のキーワード

- いつでもどこでも
- 社内コミュニケーション
- セキュリティ
- Teams普及活動

「Teamsを本格展開したのは2018年11月でした。それから1年少したった2019年12月には、社内のアクティブユーザー数が2万を超えました。社員の8割以上がアクティブにTeamsを使っています」。こう語るのは、NTTコミュニケーションズのオフィスICT環境整備を担当するシステム部 第三システム部門 担当部長の楠淳氏である（**図1**）。Teamsが同社グループ内で急速にコミュニケーション・インフラとして普及したことが分かる数字だ。ユーザー数の増加につれて、実際の利用も確実に増えている。2020年1月時点で、オンライン会議数は1万2000超、チーム数も6000に迫る。Teams上で交わされるチャットの数は、月間200万を超えるところまで来た。

楠氏は「『後でメールするね』といった言葉が、今では『Teamsで送るね』に変わってきました。Teamsを導入したことで社内のコミュニケーションが活性化していると強く実感しています」と現状を評価する。

「使う人の力を最大化」するICT環境構築の中核にTeams導入

NTTコミュニケーションズがTeamsを社内のコミュニケーションツールとして導入することになったきっかけは、ICT環境の見直しだった。従来は、サービスごとに使うツールが異なっていて操作が煩雑だった。その上、導入していたシンクライアント端末※は起動するのに時間がかかり、ネットワーク環境がないと使えないといった課題

※シンクライアント：サーバーとの連携を前提に、ハードディスクや光学ドライブなどを装備せず、表示や入力などの処理に機能限定した端末

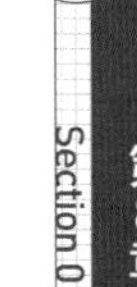

があった。セキュリティを確保しつつ、使う人が気持ち良く利用できて効果を最大化できるようなICT環境への移行を目指した。

新しいオフィスICT環境では、インフラ面、サービス面の双方で抜本的な見直しを行った。楠氏は「インフラ面では、パソコンを社内外で安全に使える自社ソリューションの『セキュアドPC環境』を導入し、シンクライアントの課題を解決しました。サービス面では、チャットや映像会議、コミュニティ、共同作業、メールが複数のサービスに分散していたものを、Office 365に統合しました」と改革のポイントを説明する。

具体的には、チャット、ビデオ会議、コミュニティ、共同作業の各サービスをTeamsに統合、メールはOffice 365 Exchange Onlineを利用する形でサービスを整理再編した。こうすることで、社内のコミュニケーション環境がTeamsを中核にすっきりとまとまる（**図2**）。

同社でTeamsの導入から運用までを担うシステム部 第三システム部門 主査の山本伸明氏は、Teams導入検討の初期から関わった立場から、Teamsのメリットをこう分析する。

「1つは、新規プロジェクトの立ち上げ準備期間の短縮です。これまではファイルサーバーやメーリングリスト、Web会議などをプロジェクトごとに個別準備しなければ

図1 NTTコミュニケーションズのオフィスICT改革に携わったシステム部 第三システム部門 担当部長の楠淳氏（右）と同部門主査の山本伸明氏（左）

なりませんでしたが、Teamsならチームを作るだけでこれらの作業が完結します。2つめは、多様なコミュニケーションを一つのツールで完結できることです。音声、チャット、コミュニティ、ファイル共有がTeamsだけで行える上に、それぞれの情報連携が可能になりました。3つめが、業務効率化です。Excelは同時に複数人が編集できましたが、WordやPowerPointは複数からの同時編集に対応していません。Teamsならば1つのファイルに複数のメンバーがアクセスして同時編集できるので、提案資料の作成などの効率化が図れます」

こうしたメリットを得るために、カメラ付きのパソコンをセキュアドPC環境の端末として導入し、ネットワークの増強や監査ログ保存期間の社内規定への対応など、準備を進めた。そして、2018年11月にTeamsの本格導入を始めた。

コミュニケーションツールとして定着させる「普及活動」がカギ

環境を整備しても、新しいコミュニケーションツールは自動的に利用が広がるものではない。積極的な普及活動がカギを握る。

山本氏は、「まず導入初期は、アーリーアダプター（初期採用者）を獲得し、味方に付けることに力を入れました。本格導入前の検証時点から、トライアルに参加してくれた営業部門などを核にしながら、Teamsの便利さを知ってもらっていきました。社内で認知されてから、セミナーを開催し裾野を広げる策に打って出ました」と語る（**図3**）。いきなり全員にTeamsの研修をするのではなく、段階的に利用拡大を目指す作戦だ。

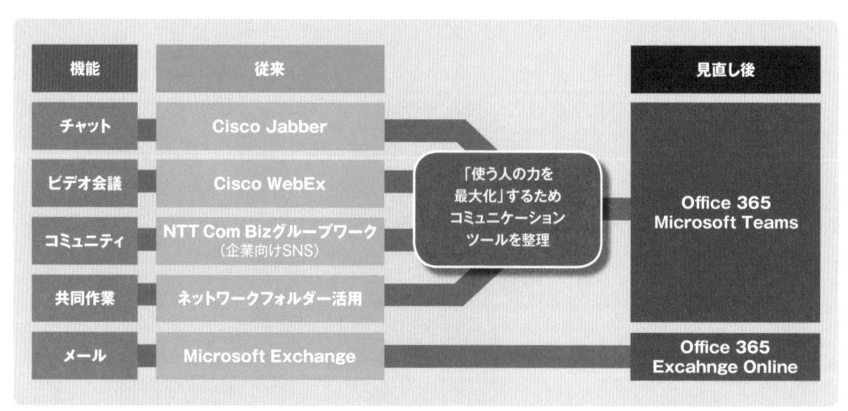

図2　オフィスICT環境のコンセプトを見直し、コミュニケーションツールをOffice 365のTeamsとExchange Onlineに集約した

セミナーは2019年2月から開催した。このタイミングでセキュアドPCの導入が広がることもあり、テレワークで有効に活用できるTeamsのメリットを感じてもらいやすくなった。セミナーは40分と短時間で、特に便利だと感じてもらえる部分に説明を絞って実施した。「部署単位の強制的なセミナーではなく、オープンに全社に募集をかけ、興味がある人に集まってもらう形で、Teamsの味方を増やしていきました」(山本氏)。

初期のセミナーに引き続き、Teamsを実際に利用するようになった社員には、中級者セミナーも実施している。山本氏は「Teamsには多くの機能があります。満足度向上のための深掘りしたセミナーで、こちらは100分間のハンズオン形式も交えたセミナーです。各部署からのセミナーの要望にも対応するようにしました」と段階的な普及の戦略を説明する。

利用者拡大につれ業務効率向上の効果を実感

こうした計画的な普及活動の成果は、Teamsの着実な利用拡大となって表れた。セミナー開始前の2019年1月には約3000人だったアクティブユーザーは、2月に6000人を超え、4月には1万人に達した。冒頭で紹介したように、2019年末には2万ユーザーを超える急速な普及を実現した。

普及の途中で、全社員にアンケート調査を行った。2019年4月、全社員の約半数に当たる1万人ほどがアクティブユーザーになった頃だ。「『非常に効率が向上した』『効率が向上した』の回答を合わせると、50%を少し上回る数字でした。この頃のTeamsのアクティブユーザーが全社の半数ですから、使った人は便利だと感じてくれていると評価しました」(山本氏)。

業務効率化を実感したポイントとしては、「コミュニケーションの活性化」に最も貢献したとの評価だった。特にテレワークを支えるツールとしての利用や、メールに代わるコミュニケーショ

図3　「テレワークでTeamsが使えることが最大のメリット」と語る山本氏

図4 「Teamsがコミュニケーションだけでなく社内業務も含めたプラットフォームにも活用したい」とオフィスICTの将来の姿を見据える楠氏

図5 利用法に関するコンテンツや社内の利用状況などを共有できるTeams用のポータルサイトを用意

ン手段としての利用の評価が高かった。

その後も、使う人の能力を最大限発揮できる環境の整備に向けて、機能の追加やサポートの充実を図っている。当初は許可していなかったスマートフォンでの利用への対応、ゲスト招待への対応、グループ会社への利用拡大と2019年に矢継ぎ早に満足度向上の対策を講じた。さらに、社内にTeamsのポータルサイトを用意。チームの作成方法などのよくある質問（FAQ）や、イベント・セミナー資料の掲載、Teams利用に関する動画集など、コンテンツを提供した（**図5**）。Teamsの利用に当たって困ったことが起こった際に、ユーザー自らが解決できるような環境を整え、無理なく業務効率化を進められるようにしたのだ。

ポータルサイトでは、部署別のTeamsの利用者数などの資料も公開している。「現場の社員に対して、利用状況やトラブルの状況などの情報を見える化することで、オフィスICT環境をより良いものにしていきたい。普及の過程では、部署ごとに利用を競わせるといった側面もありました。既にほぼ全社員が利用している状況ですが、その中でもコンサルティング部門、営業部門、情報セキュリティ部門の利用率が高く、有効に活用してもらっています」（楠氏）。

前倒しのテレワーク対応も可能に

TeamsとセキュアドPC環境を用いて、コミュニケーションインフラを変革してきたNTTコミュニケーションズでは、導入後1年余りでTeamsが1つのコミュニケーションの核に育った。従来からテレワークの推進に力を入れてきた同社だが、Teamsとセキュアド PCの普及で誰もがテレワークを実現しやすくなった。

「これまでは物理的に集まって会議をすることが多かったのですが、現在では複数の拠点から参加してのTeams会議が増えています。テレワークで会議に参加することも多いですし、オフィスでヘッドセットを付けて会議している姿も多く見るようになりました」(山本氏)。テレワーク文化が成熟してきた中での2020年新春からの新型コロナウイルスへの対応では、「テレワークがなくては仕事ができない状況です。毎日5000人規模でTeamsを活用してテレワークを行っています」と山本氏は2020年2月時点の状況を説明する。東京オリンピック・パラリンピック競技大会を念頭にテレワークの体制を整備してきたことが、前倒しの対応に役立っているようだ。

テレワークが広がる中で、面白いTeamsの使い方も始まっている。

「テレワークだと、だんだん孤独感が出てきます。オフィスはどのような感じか知りたくなるようです。部署によっては、カメラをオフィス全体が見えるように向けておいて、テレワークしている社員にオフィスとつながっている感覚を持てるように工夫しています」(山本氏)。一人で仕事をしているのではない連帯感を、Teamsが醸し出してくれるのだ(**図6**)。

Teamsを縦横無尽に活用しているように見えるNTTコミュニケーションズだが、まだ本格導入から1年半に満たない。これからも機能拡充に伴う用途の広がりを考えている。山本氏は、「現在はTeams単体の利用ですが、今後は他のシステムとの連携も視野に入れていきたいと思っています。業務の自動化、決済の自動フローなど、Teamsと連携することでより便利に使ってもらえると考えています」と語る。さらに楠氏は「機能的には、NTTコミュニケーションズが開発した自然言語処理・音声処理APIプラットフォームの『COTOHA』と連携させて、Teamsをインタフェースとして社内の勤怠管理などを処理するボットの導入を検討しています」とTeamsのプラットフォーム化を見据えている。

図6　オフィスと自宅のテレワーク中の社員を結んで日常的に打ち合わせが進められるようになり、仕事の仕方のバリエーションが増えた

多様なプロジェクトを支える社内インフラになったTeams

コンセント

業種：**デザイン会社**

Teams利用開始時期：**2017年5月**
Teamsユーザー数：**約200ユーザー**

導入成功のキーワード

- いつでもどこでも
- プロジェクト内情報共有
- 全社会議、全社情報共有
- 利用の統一ルール

Webサイトや印刷媒体、ユーザーエクスペリエンスなど、企業の活動を「デザイン」の面から支えるデザイン会社のコンセントは、正式版リリース当初からの長いTeamsユーザーだ。Teamsの成長とともに、同社のコミュニケーションを成長させている。デザイン会社では、1つのプロジェクトにプロデューサーやデザイナー、エンジニアなど異なる業務の担当者が関わる。また、メンバーは複数の拠点に分散していることもある。そうした人々の間をつなぐコミュニケーションツールとして、Teamsをうまく活用しているのだ。

同社でプロデューサー ディレクターを務める江辺和彰氏は、「Teamsの正式版が2017年3月にリリースされ、同年4月に採用を決定して5月には全社展開を始めました。3年ほど利用してきて、社内ではメールは立ち上げなくても、Teamsは必ず立ち上げているというようになり、いい意味でインフラ化しています」と活用状況を語る。コミュニケーションのインフラが、メールやほかのサービスから、Teamsに移行しているのだ。

プロジェクトの情報共有から“部活”まで幅広く活用

コンセントのTeamsの利用法は多様だ。いくつか代表的な使い方を紹介していこう。それは、Teamsのコミュニケーション単位である「チーム」として、どのようなものがあるかを見ると分かりやすい。

1つめが、本業であるデザインのクライアントワークでプロジェクトごとに作られたチーム。特定のクライアントの業務に関する情報が、チームの中で完結して得られる。前述したように、プロデューサーやデザイナー、エンジニアといった異なる業務の担当者が共同でプロジェクトを推進する必要があるため、統一したコミュニケーションツールで情報をまとめて得られる利便性は重要だ。

2つめが、社内向けのお知らせや情報共有のためのチーム。「コンセント全員」のチームには、例えば「社内お知らせ」「郵便のお知らせ」「よろず相談」といったチャネルがある。よろず相談のチャネルでは、社内で相談したいことをメッセージとして発信できる。

3つめが組織内の運営をサポートするチーム。メンバーを正社員に絞ったチームで、例えば「案件共有」といったチャネルがあり「アサインを依頼したり、新しい業務が発生したときにメンバーを募集したりと、仕事を円滑に進めるための情報がうまく共有されています」(江辺氏)。

図1　ディレクションやプロジェクトマネジメントの業務を担うマネージャーとしてTeamsの活用を推進しているコンセント プロデューサー ディレクターの江辺和彰氏

図2　Teamsは仕事のコミュニケーションだけでなく、「部活」の活動状況の共有などまで幅広く利用が定着している

ユニークな使い方をしているのが、「部活」のチームだろう（**図2**）。コンセントでは、「会社への貢献に対するゆるい条件で一定の活動資金を会社が補助する部活の制度があります。例えば文字に対する理解を深めるということで、書道の先生を呼んで練習したり書き初めをしたりする『書道部』があります。健康な体で働けるようにす

るランニング部などもあります。こうした部活の連絡にもTeamsが使われています」(江辺氏)。

こうした公式のチームだけでなく、「突発的飲み会相談所」といったプライベートなチームもある。今日は飲みに行きたいなとなったときに、チームにメッセージを投稿しておくと、誰かが付き合ってくれたりする。本当に社内のリアルのコミュニケーションをTeamsが支えているといえそうだ。

使っていくうちに出来上がった統一見解としてのルール

コンセントでは、Teamsの利用法そのものに「こうしなければならない」というルールは作っていない。利用を重ねて試行錯誤しながらブラッシュアップしているところだという。例えばプロジェクトのチームでも、クライアントのブランドごとにチャネルを立てるケースもあれば、設計、デザイン、実装といったフェーズごとにチャネルを立てるケースもある。状況に応じて柔軟に使えることが、多様なコミュニケーションの形がある同社で有効に使えている一つの要因だろう。

そうして3年ほど利用を重ねてきたことで、柔軟に使いながらも統一したルールのようなものができてきている。「明文化してはいないのですが、いつの間にか統一見解が出来上がってきました。柔軟に使う中にも、使いやすくするためのルールが自然

図3 メンションされたら返信する「ルール」を実践(上)、チャネル名に「01.」「02.」と番号を付けて並び順を整える工夫もある

発生的にできてくるのです」(江辺氏)。

その代表的なものが、「チャネルの投稿」に関するルールだ。1つのチャネルの中で、1つのトピックは「タイトル」を付けて、必要な人に「メンション」する形で投稿する。トピックに関連する書き込みは、スレッドに「返信」として投稿する——といったルールである。

図4　業務のコミュニケーションはTeamsに集約されて効率化が進んだ。Teamsがあれば場所を問わずコミュニケーションが可能で、テレワークへの対応も進む

「Teamsを使う前に公式なチャット機能として使っていたサービスでは、スレッドやメンションの機能がありませんでした。そこでは投稿した話題を全て追いかけないと、自分が必要な情報を見逃してしまう危険性がありました。Teamsならばトピックにタイトルを付けて、相手にメンションすれば、自分が必要な情報はメンションが来るのですぐに分かります。スレッドに返信していれば、トピックのタイトルから全てのやり取りがたどれます」(江辺氏)。

さらに、「メンションを付けられたら返信する」「メンションされていないのに返信していないのは許容する」「社内向けチームでは『一般』チャネルは使わない」といったルールもある。Teamsにおけるコミュニケーションの使い勝手を高めるための不文律が共有されている。

Teams活用のTipsとして、コンセントでは、「チャネルの名称の冒頭に、重要度に応じて『01.』『02.』といった数値を振っています。こうすることで、チャネルを必要に応じた順番に並べて表示できるのです」といった工夫もしている(**図3**)。

場所にかかわらず仕事ができる環境で「仕事がしやすく」

サービス開始当初からのTeamsユーザーだけに、Teamsの機能の使いこなしも進んでいる。Teamsを使いこなすことで、仕事がしやすくなってきているというのだ。

「チャットやチームのメッセージ交換など、コミュニケーションツールの上で多様なやり取りができることが有効です。メンションを飛ばしてお願いすれば応えてくれますし、画面共有機能を使えばWebサイトの改修が必要な部分を目に見える形で指示

できます」(江辺氏)

また、離れた場所と通話できる通話機能も、既に無くてはならない機能だ。離れた拠点との打ち合わせに、相手の顔を見ながらのビデオ通話やビデオ会議も活用している。江辺氏は「顔が見えると、よりコミュニケーションが取りやすいようです。同じ場所にいなくてもチームで仕事ができるようになっています」と続ける(**図4**)。

Teams導入前から、「連絡が取れれば仕事をする場所は制限しない」というテレワークの文化があったコンセント。女性の従業員が多いため産休や育休を取ることも多く、性別にかかわらず時短で働くケースもある。いろいろな働き方に対応できるようにという文化の中で、Teamsは時間や場所に縛られることがなく仕事ができるコミュニケーション・インフラとして、確実に定着している。

全社会議もTeamsでどこからも参加可能に

プロジェクトから部活まで、コミュニケーションを支えるようになったTeamsは、今では定例の全社会議のインフラにもなっている。もともとオフィスが分散していることもあり、全員が一堂に会する全社会議は現実的ではない。「グッドモーニング! コンセント」

図5 全社会議の「グッドモーニング! コンセント」をTeamsで開催することで、その時の社員の居場所にかかわらず必要な情報をタイムリーに届けることができる

と呼ぶ全社会議の様子をTeamsで見られるようにすることで、全社員が文字通りリアルタイムに会議に参加できるようになった（**図5**）。

「実際にはグッドモーニング！コンセントの時間に客先に向かう人も、電車が遅延して間に合わない人もいます。そうしたときはスマートフォン（スマホ）で会議に参加して、確認するということもできます。さらに会議の様子をTeamsで録画することで、Microsoft Streamを使い、後で確認もできるので便利です」（江辺氏）

スマホでの利用も多く、外出先からお知らせを確認したり、返信できる内容には返信したりする。また、全社会議だけでなくプロジェクト単位の会議などにもスマホで接続して参加するケースも多い。パソコンを開かなくても場所を問わずに情報が共有できるスマホを併用できることが、働き方の柔軟さを後押ししている。

一方で、Teamsに業務が依存するようになって、工夫が必要だと思う点として江辺氏は、「チームがどんどん増えて、既に50チームほどになりました。これを毎日全てチェックするのはだんだん難しくなっています。Teamsを眺めているだけで時間を取られてしまいます。チーム運用に工夫の必要を感じています」と語る。コミュニケーションがTeamsに依存するようになり、中小規模のチームのコラボレーションを超えた全社のインフラとしての役割を担ったとき、改めて運用について考える必要性が出てくるのだろう。

とはいえ、Teams提供開始当初から付き合ってきているだけに、コンセントのTeamsとの関係そのものが柔軟だ。「当初は全ての機能が使えるわけではありませんでした。しかし、不便だとグチをこぼしていたら、翌週には改善されているといったように、ソフトウエアの成長とともに使ってきた側面があります。機能の成長やほかのアプリなどとの連携といった進化が今後も続けば、さらに使い方が広がると見込んでいます」と江辺氏が言うように、コンセントのコミュニケーション・インフラとしてTeamsが、なくてはならない存在の地位を保ち続けていく。

図6　使い方のTipsとして、「このメッセージを保存する」の機能を、ToDoの代わりに使うことができると江辺氏。「即答できない内容を保存しておき、後で保存したリストを表示すればToDo的に見返せます」

連絡の主流がTeamsに日常から災害時まで活用

パルコ

業種:**流通**

Teams利用開始時期:**2017年9月**
Teamsユーザー数:**約800**

導入成功のキーワード

- 社内コミュニケーション
- 店長会議などの効率化
- 店舗間の迅速な情報共有
- ライフワークバランス

全国にショッピングセンターを展開し、文化発信を続けるパルコがTeamsの導入に着手したのは、Teamsのサービスが始まってすぐの2017年6月のことだった。それまでのオンプレミス※の国産グループウエアを利用していた社内コミュニケーション環境を、時代の要請に合わせてクラウドサービスに移行していく検討の中で、ちょうど登場したTeamsに白羽の矢が立ったという。

同社でグループ情報システム推進室 業務部長を務める松本浩氏は、当時をこう振り返る。「2016年にグループウエアの入れ替えに向けて検討を開始しました。それまでのオンプレミスのシステムでは、社外からスマートフォン(スマホ)などで接続することはできませんでした。スマホの普及で、どこでもインターネットにつながる環境が整ってきたのに、うちの会社はなぜ社内しかシステムを使えないのかという疑問の声が高まってきたのです。ハードウエアの保守期限なども併せて、どこでも仕事ができる場所にするという意味を込めて『デジタルワークプレース』の構築を経営陣にプレゼンテーションしていきました」。

コミュニケーションツールとしてOffice 365を導入

そうした中で、クラウドで提供されるツールを検証していたところ、マイクロソフトがTeamsを提供するという情報が耳に入った。「いろいろと悩みながら検討していたと

※オンプレミス:企業が情報システムの配備と運用を自社管理下にある設備で行うこと。

きに、ちょうどTeamsが登場することになりました。チャットツールでコミュニケーションを強化してくれるということで、これはいいのではないかと思いました」(松本氏)。

図1　パルコ グループ情報システム推進室 業務部長の松本浩氏。Teamsで連絡がマルチタスク化でき、スピード感が向上したことを実感しているという

それ以前に部分的にチャットだけのツールを試行していたパルコでは、スマホも使ってどこでも会話できるチャットのスピーディーさを体感していた。メールではスピード感が不足してしまう。有機的にグループウエア全体の中でチャットを使えるTeamsの評価は高かった。

「Office 365は、サブスクリプション版のOfficeソフトだと考えていましたが、勉強していくと強力なコミュニケーションツールであることが分かりました。グループウエアとしてTeamsを使いたいということから、Office 365の導入に踏み切りました」(松本氏)。もともとOfficeソフトは買い切りでデスクトップ版を利用していたパルコでは、Office 365を純粋にコミュニケーションツールとして採用したのだ。

移行の具体的な作業は、2017年6月に始めた。メールやカレンダーの移行は時間がかかるとしても、TeamsとSkypeはできるだけ早く使えるようにする方針で、夏の間にアカウントを発行して、同年9月に一斉に利用を開始した。

「誰もが初めて使うツールですし、スモールスタートなどと言わずに皆で使ってしまおうという考え方でした。『ビジネス用のLINE』と説明すれば、皆が理解してくれました」と松本氏。Teamsそのものは新しいツールだが、チャットに慣れていた従業員はすぐにTeamsを使い始めた。ビジネス用のLINEとの説明で、多くの従業員に対する説明のハードルも下げられた。

当初はメールを使っていた従業員もいたが、現在では社内のコミュニケーションの主流はTeamsに移っている。松本氏はTeamsの利用状況について、「私個人としては上層部や社外に対してエビデンスを残す必要があるとき以外は、ほとんどTeamsでコミュニケーションを取るようになりましたし、多くの従業員もTeamsに移行しています。Teamsの中でExcelもWordも見られますし、スケジュールも見られるよ

うになりました。定例の会議は、Teams上で資料を共有し、オンラインで修正する形で進めることがほとんどです」と語る。

チャットが主流、業務のスピード感がアップ

2017年のTeamsの導入以降も、デジタルワークプレースの環境整備の取り組みは進んでいる。2018年にはWindows 7からWindows 10の切り替えに際してパソコンを刷新。それまでの持ち運びを想定していなかったパソコンから、薄型でカメラも内蔵したレノボ・ジャパンのThinkPad X1に変更し、社外に持ち出して利用できる環境を整えた。2019年にはiPhoneを全社員に配布し、テザリングでパソコンから接続することで、どこでもTeamsを利用できるようにした。同時に、iPhoneからTeamsを直接使うこともできるようになった。こうした環境整備により、社内のコミュニケーションは格段に円滑になった。

松本氏は、「社内外どこにいてもTeamsにポップアップで通知が来たら、すぐに返事ができます。これまでは一言の返信でいいことも、パソコンを起動してメールアプリを開いて、定型文を書いて返事をするといった手間が掛かりましたが、マルチタスクで連絡処理ができるようになりスピード感が上がりました。メールだけの世界にはもう戻れないと思います」と笑う。

実際の利用は、チャットが主流だ。会話の流量は導入以降ずっと右肩上がりで伸びている。チャットの発言量のグラフには、年に2回のピークがある。それが異動の内

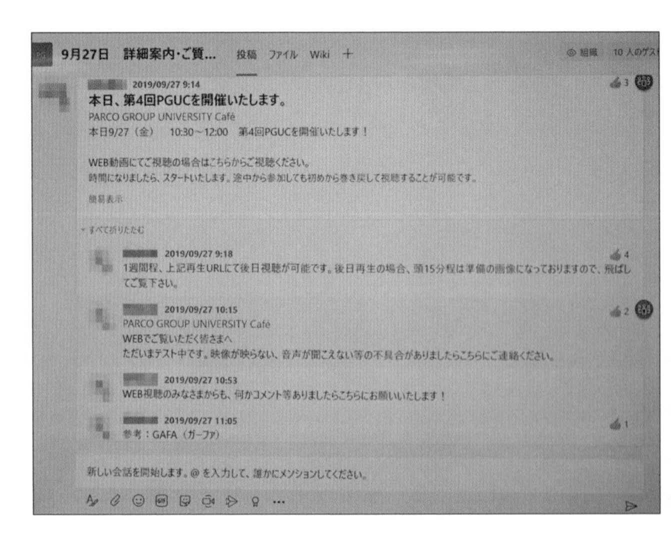

図2 社内の交流会「パルコグループユニバーシティカフェ（PGUC）」も、会議と同様に開催通知からビデオ会議での参加までTeamsを活用している

示の日のこと。仕事に関連する最も興味深い話題として、チャットの回数が急増しているという。このようにコミュニケーションの迅速化に役立っているTeamsのチャットだが、松本氏は課題も指摘する。「多くの人がプライベートチャットでコミュニケーションをしているのが現状です。Teamsにはチームやチャネルという情報を共有できる場があるのに、なぜかプライベートでコミュニケーションを取りたがる傾向があります。チームやチャネルで情報を共有すれば、それ自体が情報資産になるということを、社員に言い続けているところです」。

会議の仕方が変化、店長会議にリモート参加も

個々のコミュニケーションの円滑化だけでなく、会議などの公式の行事にもTeamsは変化を与えている。パルコではペーパーレス化も推進しており、会議の資料は事前にTeamsで配布するようになった。すると、情報の共有や事前に確認しておきたい点はTeamsでコミュニケーションを取っておき、実際にフェイス・トゥ・フェイスで行う会議は本質的な議論だけを行うことができ、より濃密な時間になっていった。

日常的にはTeamsを使って定例会議を実施することが多くなっている。在宅で業務をする子育て中の従業員なども、Teamsでスムーズに業務のコミュニケーションを取っているとのこと。多くの場合は資料を共有しながらビデオ会議をするが、自分が映るときの背景をぼかす機能は、在宅で会議に参加する際に便利に使われているという。

経営企画室が主催する毎月の社内交流会「パルコグループユニバーシティカフェ（PGUC）」でもTeamsを活用している。資料があれば事前にTeamsで共有し、参考書籍の貸し借りなどもTeamsで管理。PGUCそのものはリアルのイベントだが、その様子はTeamsにより動画配信され、アンケートはTeamsと連携したFormsで実施、集計までする。このように、Teamsが核になったイベント開催手法

図3　チャットならメールのような定型文も挨拶も要らず一言の返信で済む。「メールだけの世界にはもう戻れないと思います」（松本氏）

が定着してきている。

2020年の特殊事情で、会議などをTeamsに移行した例も多い。3月が期初の同社では、毎年、社長による幹部への方針説明と全店店長会議が実施されている。2020年は新型コロナウイルスの影響で、本社に幹部や店長を全員集めることが難しい状況になり、これらの会議をTeamsでも同時中継した。本社に集まれるメンバーはリアルの会議に参加しながら、遠方だったり現場対応が求められたりするメンバーはTeamsで現地から参加するといった形だ。「Teamsでできるならこれでやろう、と即断即決でした」(松本氏)。

いざというときの判断のための最新情報が一覧できるメリット

Teamsの機能を使って、急きょ対応したものの一つに、就職活動の学生に向けた会社説明会もある。新型コロナウイルスへの対応で就活生を集めた会社説明会の実施が困難になり、それならば、Teamsのライブイベントとして会社説明会を実施しようというアイデアが出てきたという。松本氏は「ありものの環境としてのTeamsを活用することで、急遽ライブイベントを作ってそのURLを学生に通知し、会社説明会を実施することができました。学生からも、スマートフォンでも会社説明会に参加できて好評だったようです」という。

新型コロナウイルスだけでなく、地震や台風などの自然災害の発生時には、

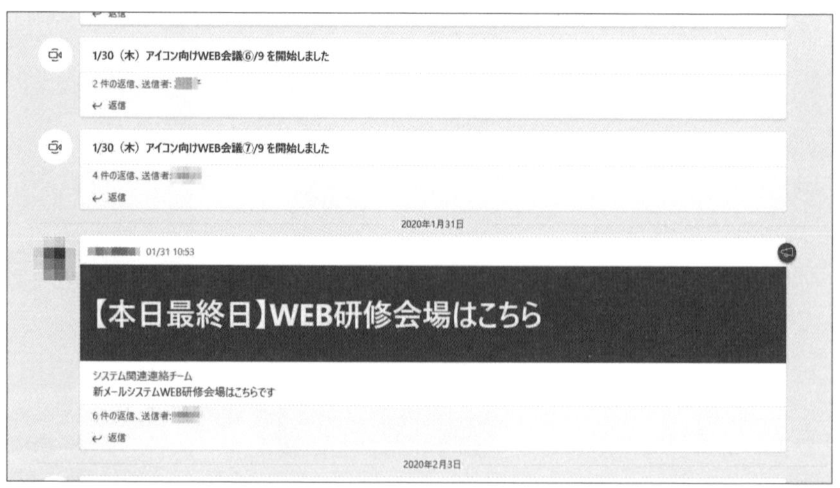

図4 Teamsのアナウンス機能を使って、社員に向けて社内研修を呼び掛けている際の画像。会議開催の手間も格段に減った

Teamsがコミュニケーション基盤として利用されていることで情報共有や判断に大きく役立っている。「2018年の北海道の地震、2019年の大型台風の影響を受けた際には、各店舗の情報や地域の情報がTeamsで、写真や動画と共に、タイムラインとして整理して確認できるメリットが大きく感じられました。メールと電話では実現できなかった情報連携です」と松本氏は語る。

近隣のパルコの店舗の状況や、地域の他店舗の営業状況、外部から得た最新の情報などが、Teamsに投稿するだけで集合知としての情報になっていく。さまざまな情報を収集して判断を下すための材料が、Teams上に集約されることで正しい判断にたどり着くことが容易になる。最新情報が追加されたときも、タイムライン上で確認できるため、情報の錯綜を防ぐことにもつながる。

こうした非日常の情報共有にうまくTeamsを活用できるのも、日常の業務でTeamsがインフラとして浸透しているから。「新型コロナウイルスの対応に限らず、パルコではライフワークバランスを高めるため、どこでも仕事ができるように、システムから人事や総務の運用まで全社で取り組んでいます。Teamsをさらに活用できるようにするために、グループ情報システム推進室でも情報のキャッチアップに努めていますし、今後いかに有効に使うか一生懸命勉強し続けています」(松本氏)。

オンプレミスのグループウエアの置き換えからスタートし、偶然のタイミングで導入に至ったTeamsは、日常からいざというときまで、縦横無尽に活用できるコミュニケーション・インフラとして定着しているのだ。

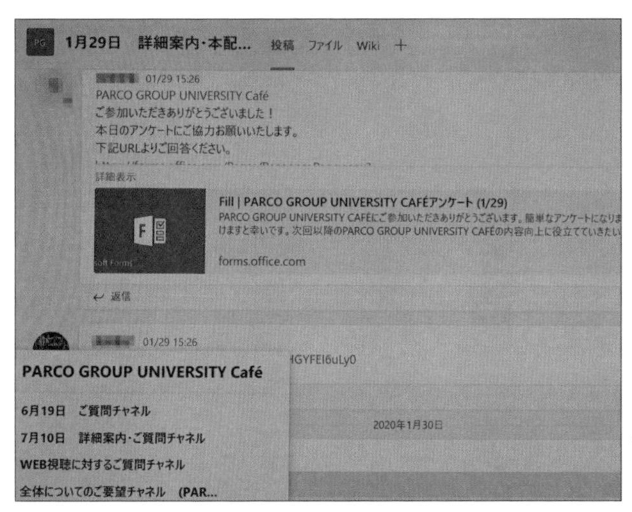

図5 社内交流会のPGUCでも、Formsを使ったアンケートを実施。Teams内で多様な機能が連携して使えることのメリットを享受している

iPhone、iPadも併用し店舗との情報共有を迅速化

オンワード樫山
業種:**アパレル**

Teams利用開始時期:**2018年12月**
Teamsユーザー数:**約5000**

導入成功のキーワード
- 本社と店舗との情報共有
- 店舗へのビジュアル商品説明
- 会議効率化
- テレワーク

「Teams導入のきっかけは、オンプレミスのサーバー上に実装したグループウエア、メールのシステムを、2017年頃にクラウドサービスの利用に移行しようとしたことでした。従来はテキストベースのシステムで、スマートフォン(スマホ)には非対応だったため、外部からはパソコンをVPN※で接続する方式で、時代に即していませんでした。現場からも上層部からも新しいものに替えたいという声が上がり、刷新の検討を始めました」。こう語るのは、オンワード樫山 情報システムDiv. インフラ・セキュリティSec. 課長代理の杉本隼氏だ。

従業員がマイクロソフトの製品に慣れていることから、Office 365をコミュニケーションツールとして導入することにした。2017年夏に概念実証(PoC)を始めようとしたころ、ちょうどTeamsの提供が始まった。もともとはSkypeでコミュニケーションを実現しようとしていたが、「Teamsについて調べたところ、ユーザーインタフェースなどが多くの従業員にとってとっつきやすいと判断しました。ほかのサービスからの移行ではなく、最初からTeamsを使えたのは運が良かったです」(杉本氏)。

1年間のPoCで効果を測定、情報確認や会議移動で大幅時短

オンワード樫山では、実際にTeamsを導入する前に、PoCで効果を測定した。同社では、取り扱う多くのブランドごとに、本社と店舗の間でさまざまな連絡が飛び交っ

※バーチャル・プライベート・ネットワーク、仮想閉域網とも呼ばれる。インターネットなど公共のネットワークで専用線のような環境を実現したネットワーク。

ている。しかし、既存のメールやグループウエアのシステムでは、店舗でパソコンを立ち上げて情報を確認するといった手間が現場の負担になり、必ずしもコミュニケーションツールとして有効には機能していなかった。「店舗への連絡をグループウエアで行っても、店舗では接客が優先でなかなか見てくれません。店舗からは本社の営業担当者に電話で確認することが多く、ひっきりなしに電話を受けているといった状況でした。グループウエアが使いにくかったこともあり、電話をして解決する文化でした」(杉本氏)。PoCでは、特定のブランドでTeamsを使ったコミュニケーションを試行し、情報共有や連絡、会議などにおける導入効果を検証した。

TeamsのPoCでは、従来のグループウエアよりも使い勝手が向上していることが分かった。「チャットベースなので、店舗側からの書き込みも積極的になりました。LINEに慣れているため、仕事版のLINEだと説明するとすぐに理解してくれました」(杉本氏)。チャットのコミュニケーションに慣れ親しんだユーザー層にとって、Teamsのメッセージ投稿やチャットが中心のユーザーインタフェースは使用が容易なのだ。

全社員に実際にTeamsを体験する研修、iPhoneの配布も進行

PoCの結果をまとめたところ、機器を立ち上げてからメールやスケジュールを確認できるまでの所要時間は、従来の9.2分から30秒に短縮。会議の調整時間は1回当たり1.4時間削減で56%減少、会議のための移動時間も1カ月に7.3時間の削減で49%の減少となった。情報共有のスピードも、情報発信から確認までの時間が平均

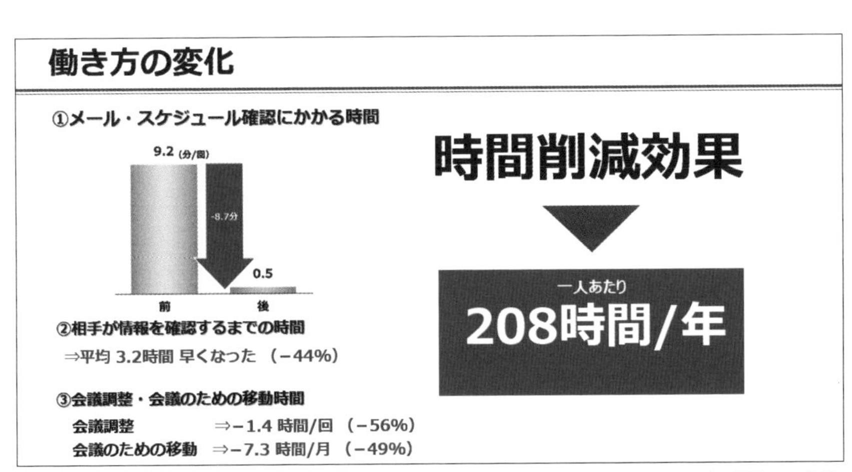

図1　1年かけたPoCで効果を検証。1人当たり年間208時間の時間削減効果があることが明らかになり、本格導入に向かっていった

で3.2時間短縮でき、44%の削減効果が表れた。時間削減効果は、1人当たり年間208時間に上るという成果が見えてきた(**図1**)。

こうした「成果」を基に稟議を出し、実際にTeams導入プロジェクトが動き出したのが2018年6月のこと。Teams移行に伴うインフラ整備などを実施して、同年12月にTeamsの稼働が始まった。

↑図2 オンワード樫山 情報システムDiv. インフラ・セキュリティSec. 課長代理の杉本隼氏。「Teamsのチャットベースの使いやすいユーザーインタフェースは、店舗のスタッフと本社の連絡をスムーズにしている」と効果を語る

2019年の年初から、Office 365とTeamsの本格導入に向けて、本社勤務の2000人に対して研修を実施した。杉本氏は「メールで『システムが新しくなりました』と連絡するだけでは、なかなか使ってもらえないな、というのが実感。そこで実際に全員にTeamsを触ってもらう研修を実施しました。チームを作って、好きな食べ物や今日の朝ごはんなどを入力してもらい、Teamsに慣れてもらうことから始めました」と振り返る。杉本氏自身も、北海道から福岡まで同社がエリアと呼ぶ6つの拠点を回ってリアルの研修を実施してきたという。

同時に、パソコンだけでなくiPhone、iPadといったスマートデバイスによる利用も可能にしていった。「当初はパソコンだけで考えていましたが、特に店舗ではiPadのようなすぐに使えるデバイスが必要と感じ、iPhoneとiPadを配布することにしました。2020年6月には本社の全社員にiPhoneを配り終える予定です」(杉本氏)。仕組みとしてのTeamsが使いやすくなっていたとしても、現場や移動中などのコミュニケーションをスムーズにするには、いつでもどこでも手軽に使えるデバイスの利用も必要であり、インフラ整備を進めていった。

Teamsの導入で、本社と店舗のコミュニケーションは大きく変わった。これまではパソコンを開いてグループウエアの情報を見てくれなかった現場のスタッフも、iPhoneやiPadならば隙間の時間にいつでも情報を確認できる。慣れたインタフェースで、質問などがあったときもTeamsに書き込んでくれるようになった。「店舗からTeamsに質問があって、本社の営業担当者がそれに返答するようになったところ、他の店舗のスタッフがそのやり取りを見て『なるほどね』と疑問がすんなり解決していくようになりました。店舗からの電話がひっきりなしに鳴る状況から、大幅に効率化できました」(杉本氏)。

店舗からは、iPhoneやiPadで写真や動画を簡単にアップロードできるようになったこともメリットの一つ。文字では伝えにくい連絡や質問が、画像を使うことでひと目で分かるようになり、情報のやり取りが迅速で濃密になった(**図2**)。

FormsやStreamとの連携も効果的

Teamsを使い始めて約1年たって、当初の想定よりも効果的だと感じている部分もある。その一つがアンケート機能を提供するFormsとの連携だ。

「ブランドの営業担当者は、店舗に対して施策などについてのアンケートを行うことが多くありました。これまではExcelのシートを送って記入してもらう方式でしたが、なかなか見てもらえない、記入してもらえないというハードルの高さがあるだけでなく、戻ってきたExcelの情報を集計する手間もかかっていました。ところが、TeamsとFormsを連携させると、Formsでアンケートを作るだけで、店舗ではTeams上から簡単に回答できます。その上、すぐに集計してグラフなどを作れるので、アンケートの手間を大きく削減できました」(杉本氏)

アンケート以外では、動画ストリーミングを提供するStreamとの連携も役立っている。これまで店舗の状況は写真に撮って情報共有していた。それがTeams導入後は、ビジュアルマーチャンダイザーが動画で撮影してアップロードする形になった。動画だと見てもらいやすいだけでなく、情報がとても伝わりやすいというメリットがあると

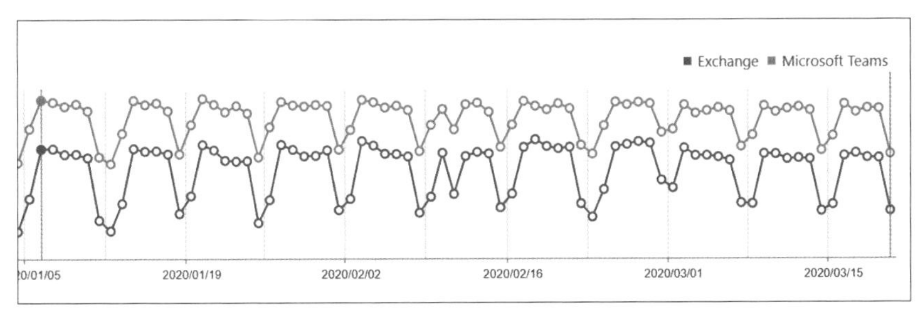

図3　2020年の初頭時点で、オンワード樫山の社内コミュニケーションはメールの利用をTeamsの利用が大きく上回っている。Teamsがコミュニケーションツールとして定着していることが分かる

いう。また、本社から店舗への情報共有としては、デザイナーによる商品説明をTeamsで動画配信することも進めている。「デザイナーがこだわりのポイントや合わせ方などを動画で説明するので、店舗のスタッフにとって直接的に情報が伝わるということで好評です」と杉本氏は語る（**図5**）。

もちろん、会議などもTeamsに移行している。全国に6つあるエリアのミーティングも、従来は交通費をかけて集まって行っていたが、Teams導入後はTeamsへの移行が進んでいる。資料はExcelファイルを共有して、企画部門からの商品の説明などは服を並べて動画撮影して行う。「Teamsならばコストをかけずに毎週でもミーティングができて効果的です」（杉本氏）。

メールよりもTeamsの利用が多く実務での利用が進む

コミュニケーションツールとしてのTeamsの利用は着実に進んでいる。本格導入当初から見ると、2020年3月時点ではチャット、チームの書き込みの合計で2倍弱まで利用が増えている。Office 365の管理情報で確認すると、メールの利用者よりもTeamsの利用者の方が多くなっている。「店舗との連絡で、店舗のスタッフがメールではなくチャットを使っているという傾向があります。Teamsのアクティブユーザーが本当に多くなっていることを示しています」（杉本氏）。

とはいえ、Teamsの使い方を広めるには手探りだった面があることも事実だ。杉

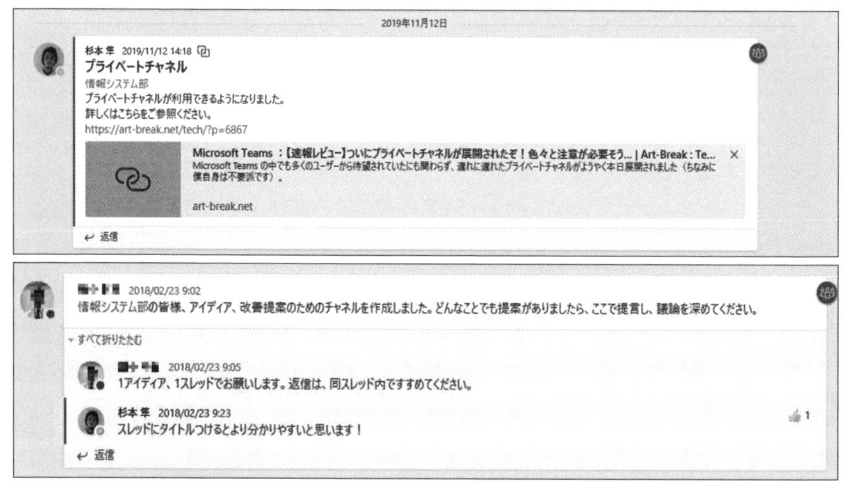

図4 日常業務の連絡はもちろん、Teamsを活用するためのヒントの共有や、新しい機能の提供などについてもTeamsで情報が流れてくる

本氏は「どういうチームやチャネルが適しているか、私たち情報システム部門が現場に入り込んで検証したり設定したりしていかないと、簡単には普及しないと感じました。現場には現場の仕事があり、新しいコミュニケーションツールを導入後に放置しては使ってもらえないでしょう」と指摘する。

また、LINEに慣れている人にとって、Teamsの使い勝手の違いも慣れるまでに時間がかかるところ。Teamsでは投稿があっても通知が来ないため、見落とすようなことがある。そうしたときに、「メンション」の機能を使うことで、目的の相手に通知を届けられることを理解すると、使い勝手が一気に高まることを教えるようにしている。

図5　Teamsの利点の一つが動画の共有がしやすいこと。デザイナー自身の動画による説明が「店舗のスタッフにとって直接的に情報が伝わるということで好評です」(杉本氏)

社内の運用ルールとしては、5人以上のコミュニケーションは「チーム」で、未満ならばチャットで、としているが、実際にはチャットの連絡が多い。「会話をクローズにしたがる傾向は少なくありません。オープンにする文化に少しずつ慣れてきているとはいえ、これからの課題かもしれません」(杉本氏)。

Teamsがコミュニケーションインフラとして定着してきたことで、テレワークへの対応も進められるようになってきた。会議は基本的にTeamsで行うようにすることで、2020年3月からテレワークの試行が始まったところだという。さらに、現在はオンワード樫山のコミュニケーションツールをTeamsに移行し終えたところだが、今後はグループ会社もオンワード樫山のTeamsのテナントに収容して、グループ間でもTeamsのやり取りや動画配信を実現できるようにする取り組みを進めている。

杉本氏にTeamsのこれまでの評価を尋ねたところ、「なくなることが想像できないぐらいのインフラになっています。『メールに戻れ』なんて言ったら、暴動が起こるんじゃないでしょうか」と笑って答えてくれた。

第9章

教育現場での Teams活用事例

- 大阪工業大学
- 足立学園中学校・高等学校

教育機関向けTeamsで提供される追加機能

Teamsは企業や組織のコミュニケーションを円滑にするために大きな効果をもたらすツールだ。しかし、その応用範囲はいわゆるオフィスのビジネスに限られるものではない。オフィスのビジネス以外の分野としてマイクロソフトでは特に、「教育機関」「医療機関」「現場の仕事をするファーストラインワーカー」の3分野に力を入れてTeamsの展開を図っている。

その中でも、「教育機関向けTeams」は、2017年3月にTeamsの提供を始めてからわずか3カ月後の6月に提供を開始したように、当初から注力している分野である。国内でも、文部科学省の「GIGA(Global and Innovation Gateway for All)スクール構想」により、児童生徒向けの1人1台端末と高速大容量の通信ネットワークの導入が始まることになり、教育現場でのICT活用が本格的に立ち上がりを見せる。新型コロナウイルスの感染拡大で一斉休校を余儀なくされた教育現場にとって、遠隔授業などのソリューションを活用できるインフラ整備はいよいよ不可欠になってきた。ビデオを使った遠隔からの授業が実施できる教育機関向けTeamsは、教育現

1人1台のパソコンでTeamsに参加

図1　足立学園中学校・高等学校の、Teamsを使った授業風景。教員が電子黒板にTeamsから資料の投影するほか、生徒は1人1台のパソコンでTeamsに参加している

場のICT活用の有力な選択肢になる（**図1**）。

教育機関向けTeams（Microsoft Teams for Education）は、認定教育機関に限って利用できる学校専用のTeamsとの位置付けだ。チームやチャネル、チャットでメッセージを交換したり、ファイルを共有したり、ビデオ会議などでコラボレーションしたりという基本機能は通常のオフィス向けのTeamsと同様で、そこに教育現場に求められる機能が追加されている。

教育機関向けTeamsには、コミュニケーション単位である「チーム」に4種類の専用テンプレートが設けられていることが第一の特徴である（**図2**）。授業やゼミなどで課題管理などに使える「クラス」、教師のコミュニケーションを高める「PLC（プロフェッショナルラーニングコミュニティ）」、事務連絡などを円滑にする「スタッフ」、サークル活動や課外活動などに利用できる「その他」がそれだ。教育機関向けTeamsを利用する際は、これらの4つのうちから指導と学習の目的に合ったいずれかのチームの選択が求められる。それぞれのチームに専用のノートブックが用意されており、教育現場でのコミュニケーションを支える。

教育機関向けTeamsの「チーム」テンプレート

チームの種類		クラス	PLC※	スタッフ	その他
管理者		教職員	教職員	教職員	教職員または児童生徒、学生
メンバー		教職員または児童生徒、学生	教職員	教職員または児童生徒、学生	教職員または児童生徒、学生
主な用途		教師の作業グループ	教師の作業グループ	事務などの教職員の連絡	サークルなど児童生徒、学生の利用
一般チャネルに自動作成されるタブ	投稿	○	○	○	○
	ファイル	○	○	○	○
	クラスノートブック	○	―	―	―
	OneNoteノートブック	―	○	―	○
	スタッフノートブック	―	―	○	―
	課題	○	―	―	―

※プロフェッショナルラーニングコミュニティ

図2　教育機関向けTeamsで用意されている四つの「チーム」のテンプレート。授業で使う「クラス」のほか、教員同士の情報共有をする「PLC」、教職員の連絡に使う「スタッフ」、サークルなどで利用できる「その他」があり、それぞれ提供している機能が異なっている

その中でも、教育機関向けTeamsならではの機能で学校教育をサポートしているのが「クラス」だ。クラスには、OneNoteを利用した「クラスノートブック」が用意され、実際の学級ごとや授業ごとのクラスノートブックを作成できる（**図3**）。教材を児童生徒や学生に提示したり、課題を割り当てて子どもごとの実施状況を追跡したり、学級の共同作業やコミュニケーションをサポートしたりする機能を備える（**図4**）。さらに、児童生徒、学生の個人単位のノートブックでは、教員との個別のコミュニケーションが行える。

「クラス」には、課題の作成から管理までを手軽に行える「課題」の機能もある。教員は、課題を作成し、対象となる児童生徒や学生を選択し、期日を決めて提示する。これに対して児童生徒や学生が課題を実施し、提出するという流れをTeams上で管理できる（**図5**）。

課題と関連した機能として、「成績」がある。各クラスのチームには「成績」タブが設けられ、ここでは提出した課題と成績をひと目で確認できる。クラスの児童生徒や学生のそれぞれの進捗状況や採点結果が手間を掛けずに確認でき、教員の働き方の質を高めることにもつながる。

次のSectionからは、Teamsを教育現場で実際に活用している2つの事例を紹介する。大学の講義、ゼミに活用している大阪工業大学の事例と、中学校・高等学校の授業の変革を目指す東京の私立男子校の足立学園の事例だ。教育機関向け

図3　「クラス」のチームの構成例。学級ごと、教科ごとなどのチームを作り、それぞれの中で資料を共有したり、共同作業や、課題の提出や管理ができる

に用意された機能を存分に活用するだけでなく、ビデオ会議による遠隔授業の実施や、アンケート調査ができるFormsなどのほかのアプリとの連携など、幅広くTeamsを使いこなしていることが分かる。教育の現場では、新型コロナウイルスの影響で休校などへの対策が急務となった。その前から先進的な学校ではICT活用の一つのソリューションとして、Teamsが有効に使われ始めているのだ。

図4　WordやExcel、PowerPointなどで作成した資料を児童生徒、学生に配布するほか、写真を見せて感想をメッセージで募ったりする双方向のやり取りが授業に活用できる

図5　「課題」の設定画面。タイトルを設定し、課題の指示、対象とする児童生徒や学生の選択、期限などを設定するだけで、簡単にTeams上で課題の提示から提出管理までを行える

授業資料も課題提出も卒業研究の指導もTeamsで

大阪工業大学

ロボティクス&デザイン工学部
システムデザイン工学科

Teams利用開始時期: **2017年4月**
Teamsユーザー数: **1学年約300人**

導入成功のキーワード

- 授業資料の共有
- 小テストや課題提供と提出
- 動画講義
- 個人指導

2017年に誕生した大阪工業大学の梅田キャンパス。新設のロボティクス&デザイン工学部の単独のキャンパスである。この学部には3つの学科があり、そのうちシステムデザイン工学科でTeamsの活用が進んでいる。

Teams利用をけん引しているのが、システムデザイン工学科の井上明教授である。授業資料の公開、課題の提出から、卒業研究の個人指導まで、幅広くTeamsを活用している。

使い勝手の良いLMSを探してTeamsにたどり着く

井上氏がTeamsと出合ったのは、2017年に開設された大阪工業大学のロボティクス&デザイン工学部に教授として招かれたことがきっかけだった。「前任の大学では使いやすい学習管理システム（LMS）があり、大阪工業大学ではどうだろうと調べてみました。すると導入されていたLMSは、私にとってはいまひとつ使い勝手が良くない印象でした」（井上氏）。

その使い勝手の良くないポイントとは、スマートフォンから使いにくい、外部からはVPN（仮想閉域網）接続が必要、そしてユーザーインタフェースがしっくりこないといったこと。こうした課題を克服できるLMSがないかと、着任直前に探し始めたところ、「サービス提供が始まったばかりのTeamsをたまたま見つけました」(井上氏)。調べてみると、先行してオーストラリアの教員がTeamsを授業で使っている事例が見つかり、これならばすぐに使えそうだということで2017年4月から利用を始めることにした。

井上氏は利用に当たっての着眼点を、「気に入ったのはスマホ向けのアプリが出ていたことです。そして、スマホでプッシュ通知が受け取れること」と説明する。今の学生は、スマホで使えてその上でプッシュ通知が来ないと使ってくれないという。

図2 「ICT」×「教育」=学びの活動をデザインすることをテーマに研究を進める大阪工業大学ロボティクス&デザイン工学部システムデザイン工学科学科長の井上明教授

「私たちは情報に自分から確認しに行くのが当然と思いますが、学生の感覚は違う。『通知が来ていない=情報が更新されていない』ということなのです。LINEなどに慣れた人に、こちらが合わせる必要があります」(井上氏)。

どれだけ高機能なLMSやeラーニングシステムを導入したとしても、学生がスマホで使えなかったり、プッシュ通知が来なかったりというのであれば、誰も使ってくれないというのが井上氏の経験上の指摘である。

大阪工業大学では、現在は梅田キャンパスを含めた全4学部でノートパソコンが必携になっている。梅田キャンパスのロボティクス&デザイン工学部では、全学部に先駆けて2017年の開設時からBYOD(私有端末の利用)を必須にした。さらにほとんどの学生はスマホを持っている。

一方でBYODならではの課題もある。井上氏は「BYODだとWindowsだけでなくMac、Linux、ChromeなどさまざまなOSのデバイスの利用の可能性があります。実際にはWindowが7割、Macが3割といったところですが、それでもOSに依存した環境を利用することはしたくありません。TeamsはWindowsでもMacでも動くところも魅力的でした」と語る。

図2 学生はスマホで場所を問わずにTeamsにアクセス。課題や報告などを通学の電車内などでスマホから済ませてしまうケースも少なくない

2017年度の学部新設時には、まだTeamsの情報がほとんどないような時期だった。情報を手探りで見つけながら、日本マイクロソフトからもレクチャーを受けるなどして、「スマホで使いやすい」「画面設計やユーザーインタフェースが分かりやすい」ということが改めて分かった。

「学生が授業資料にたどり着くための操作を教員が説明しなければならないようなLMSは、うまく使いこなせません。Teamsならば直感的に操作できると感じました」(井上氏)。さらに、大学ではOffice 365の包括契約を結んでいたため、追加の費用なしでTeamsが使えたことも追い風になった。

授業の資料共有から開始、課題の提出も

最初の年度は、1年生の情報基礎の授業からTeamsの活用が始まった。「3学科合同の300人が一堂に会する授業で、キャンパス内にあるホールで実施することが決まっていました。コンサートもできるホールで、Wi-Fiはつながりますが、紙の資料を配ることなどはできません。Teamsで授業資料を提示することで、資料の配布の問題をクリアしていきました」(井上氏)。大きなホールなので、スクリーンに資料を投影しても細かいところまでは見えにくい。手元のパソコンでTeamsを開いて資料を見る形で授業を進めたところ、うまくいった。

次に課題の提出にTeamsを使った。教育市場向けTeamsが備えるOneNoteと連動した「クラスノートブック」を使った。学生側は自分のノートだけを利用でき、教員側は全300人のノートを確認できる。この仕組みで課題を提出させるようにした。

2年目の2018年度には、教員同士の連絡にもTeamsを使い始めた。教員25名が1つの科目を受け持つ「デザイン思考実践演習」の授業でのことだ。多くの教員が分担して1つの演習を行うため、教員同士の情報共有が不可欠になる。

「1年目に使っていたTeamsが有効に使えそうだったので、教員に声掛けをして

使ってみることにしました。この授業ではこのように教えましょうといった情報をガイドブックとしてまとめ、共有することで授業がスムーズに進むようになりました。ガイドブックはTeams上で随時アップデートし、学生も参照できます」(井上氏)

ほかにも、授業資料にわざわざ書き込むほどではないけれど、知っていてほしいようなことは、Teamsの会話として学生に連絡している。補足連絡や細かい指示が、Teamsを介してうまく伝わるようになっていった。同時に、井上氏の研究室では、卒業研究の指導にもTeamsの利用を始めた。Teams上には「研究に関する話題」「研究報告」「雑談」「打ち合わせの連絡」「物品の購入」といったチャネルを立てて、情報を共有するようにした。取材に訪れた2020年2月のその日には、「卒論の結果、全員合格です」といったメッセージが表示されていた。

Wikiを卒業研究のサポートに活用

卒業研究の指導には、Teamsが持つWikiの機能が有効に使えると井上氏はノウハウを語る。「学生ごとにWikiが作れるので、Wikiに毎週何をしたか週報を書かせるようにしています。どこまでできた、何を調べているといったことが書かれているので、困っていないかやサボっていないかなどをチェックしながら、Teams上でアドバイスがすぐにできるのがとても便利です」。

このWikiは学生個人の指導と研さんの記録でもあるが、研究室としては研究プ

図3 講義で使う資料をTeamsで配布。大人数の講義では、紙の資料を配布せずにパソコンやスマートフォンで確認しながら講義を進めることができるほか、学生はいつでも資料を参照できる

ロセスの情報の蓄積にもなる。学生は他の学生がどんな研究をどのように進めているかのプロセスが詳細に分かる上、次年度に向けては研究の詳細な引き継ぎ情報にもなっている。「これまでのLMSは授業としての使い方がメインでしたが、Teamsは研究のノウハウの塊を作ることができ、とても面白いしありがたいと思っています」と井上氏は笑顔で語る。Wikiもスマホで利用できるため、いつでも見られるだけでなく、週報を電車の中でササッと書くなど幅広く利用しているという。

動画教材や小テストなどで活用の幅が拡大

このほかにもTeamsの機能として有効に活用しているものがある。その一つがストリーミングサービスを提供する「Microsoft Stream」と連動した動画教材の提供だ。「WordやExcelなどのアプリの操作説明を、Teamsに専用のタブを作り動画でアップしています。教材ごとの再生回数が分かるので、理解が進んでいるから見ていない、分からないからよく見られているといった理解度確認にも使えます。たまに動画教材に『いいね!』を押してくる学生もいて、これまでの教材ではあり得なかったことで励みになったりします」(井上氏)。

もう一つが、「課題」。2018年度に機能追加で利用できるようになった、大ヒットの機能だという。「授業では、WordやExcel、PowerPointなどの課題をアップさせて管理している。さらに授業の最後などに理解度確認のための小テストを実施します。

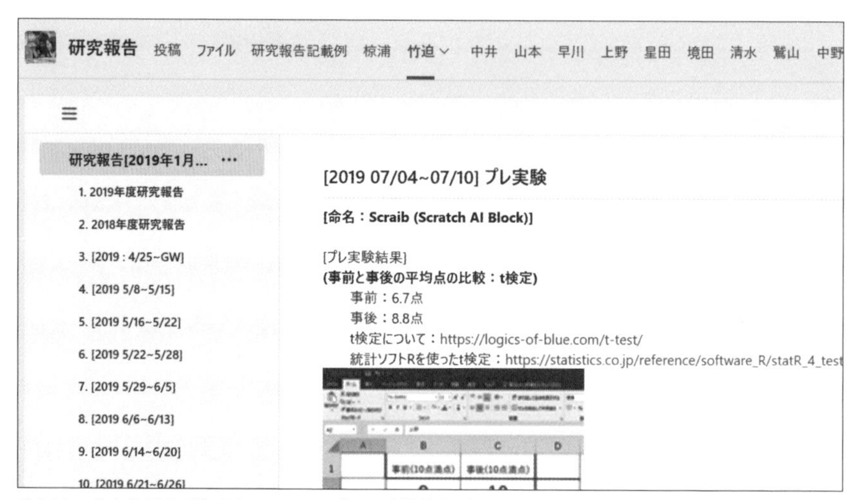

図4　井上教授のゼミでは、Teamsの「Wiki」機能を利用して、学生の研究活動の進捗を管理。情報の蓄積は研究の引き継ぎやノウハウ共有にもつながる

これはFormsと連携した機能で、パソコンでもスマホでも参加できて、自動採点してくれるものです」と井上氏。

図5　おしゃれなキャンパス内には随所にカフェのようなスペースが設けられている。Teamsをきっかけに学生とのコミュニケーションが進むこともある

これまでは理解度確認のための小テストでも、100人以上に毎回の授業で行うと、採点から集計まで教員の負担は少なくなかった。これがTeams上で簡単に作問できて、自動集計してくれる。おかげで手間を掛けずに理解度を把握できるようになった。「授業の質の向上に役立っています。授業の途中で小テストを実施すれば、結果はすぐに集計されるので結果を見ながら後半の授業の説明の仕方を変えることもできます。紙では絶対にできません」。

さらに2019年度からは「成績」のタブが追加され、課題の点数や課題提出状況などを学生ごとにトータルで見られるようになった。「この情報はExcelにエクスポートできるので、成績を付けるときの重要な資料になります」と井上氏は有効性を語る。

便利なTeamsだが、困っていることもある。その一つがユーザー登録だ。履修管理システムと連携することができず、300人の新入生の情報を教員が一人ずつ登録していかなければならない。教育現場での使い勝手を考えるともっと簡単なユーザー一括登録の仕組みが求められるとの指摘だ。

そうした課題はあるが、Teamsは教員の負担を減らし、授業を良くするための道具として便利なものだと井上氏は語る。「学校で使っているOffice 365のライセンスがあれば、無料で使えるTeamsは"教具"として試してみたらいいと思います」

先日は米国・シリコンバレーにいる先生と共同で遠隔講義を実施した。専用のハードウエアなどは不要で、いつも使っているTeamsのビデオ会議機能を使うことでスムーズに米国との遠隔講義ができた。「普段使っている道具でいろいろなことができることが重要です。新型コロナウイルスへの対応として遠隔講義をすることになっても、戸惑うことはありません」(井上氏)。

教育の質を高め、多様な教育の機会を自在に提供するために、大阪工業大学ではTeamsが4年目の実践に入る。

生徒とのコミュニケーションの新しい形を生み出すTeams

足立学園

足立学園中学校・高等学校

Teams利用開始時期: **2018年4月**
Teamsユーザー数: **約1600(生徒、教員を含む)**

導入成功のキーワード

- **課題管理、成績管理**
- **小テストと自動採点**
- **遠隔授業**
- **授業スタイルの変革**

学校法人足立学園は東京の北千住駅近くにあり90年の歴史を持つ男子校の足立学園中学校・高等学校を運営する。同校では、Teamsを活用した授業やコミュニケーションの変革を進めている。

中心となって活動しているのが、情報科・技術家庭科主任の高田昌輝教諭(2020年4月に勤務校異動)と情報科主任の杉山直輝教諭だ。2015年から順次、生徒にWindowsタブレットを持たせ、ICT活用を進めてきた。当初はファイル共有・情報共有サービスの「SharePoint」を使って、クラスの情報をニュースフィードとして提供するほか、提出箱、資料箱などの利用を進めていた。

しかし、高田氏は、「SharePointは素晴らしいツールですが、全ての先生方や生徒が使うとなるとハードルが高い部分がありました」と語る。「そうした中で、生徒にOffice 365でOfficeソフトを使わせたりメールを使わせたりしようと計画していたところ、Teamsが登場してきました」(高田氏)。

情報の共有や提出ができ、皆で話し合える場や個人のチャット、テレビ会議などのコミュニケーションにも使える。その上、SharePointよりも多くの人が使いこなせる平易な使い勝手が提供されていた。そこで同校のコミュニケーションの「ハブツール」として、Teamsを活用してみることにした。

「本校の精神として、失敗を恐れるのではなく、まずやってみるという文化があります。Teamsもトライ・アンド・エラーで前進することにしました」（高田氏）

「難しいんでしょ？」と抵抗を示しがちな導入時のハードルに対しては「“Windows版のLINEです”という言葉が魔法のように効果的でした」と高田氏は笑って当時を振り返る。

課題や成績の管理に大活躍、Formsのアンケートで小テストも

Teamsは日常の学校生活や授業で幅広く活用が進んでいる。最も成功している使い方を尋ねたところ、高田氏は「ナンバーワンは課題、成績の管理です」と即答した。「課題」では、生徒が課題を提出したかどうか、その内容がどのようなものかがすぐに一覧で分かる。その課題もアンケート機能を提供するFormsを使って答えだけを入力させることもあるが、多くは「授業を聞いて書き取った紙のノートの画像をデータで送る」といった形を採る。コミュニケーションツールがデジタルになっても、中高生にとって紙に書くことの重要さ、アナログのツールでものを考えることの大切さを知らせることを大切にしているためだ。「成績」のタブでは、個々の生徒の課題提出やテストの情報などをまとめて管理できるため、業務の効率化が実現できるという。

↑図1　Teamsの導入と運用を推進する足立学園中学校・高等学校の高田昌輝教諭（左）と杉山直輝教諭（右）。2人ともMicrosoft認定教育イノベーター（MIEE）に選ばれている

次いで便利なのが、前出のFormsを使ったアンケート機能。足立学園中学校・高等学校では、毎朝の朝学習として小テストを実施してきた。学習の効果は高いが、教員にとっては小テストの用紙を作り、回収してチェックし、成績をExcelなどに登録するといった手間が日々重くのしかかっていた。

杉山氏は、「Formsで小テストの設問を設定すれば、生徒が学習して入力した答えが自動的に採点されて、成績がデータとして確認できます。設問さえ作ってしまえば、その後の手間はほとんど掛かりません。すぐに理解状況などを分析することができるので、結果を授業に反映しやすくなりました」と語る。

生徒にしても、あまりできなかった小テストは、振り返って何度も自分で学び直すことができ、学習効果は高い。小テストの設問の設定は、手が空いていればほかの教科の教員が行ってくれることもあり、教員同士の横の連携による学習環境の整備にもTeamsが一役買っている。

Teamsが授業のスタイルの変革をサポート

杉山氏は、「教員からのテストだけではなく、生徒も自分でアンケートを作れるのが良いところです。数学係がアンケートを実施して、『ここがみんな分かっていないのでもう少し教えてください』と言ってくるようなこともあります。子どもたちの意見を1人ずつ聞いていくのは大変ですが、アンケートならば多くの子どもたちの声を聞けると思います」という。

このほかにもTeamsは自然に学校運営に使われている。教員研修会議では、資

図2　足立学園中学校・高等学校では、中学2年生以上の生徒全員にWindowsタブレットを持たせ、Teamsを核にした学内のコミュニケーションを実現している

料をTeamsのファイル共有機能で共有している。学校説明会を開催したとき、会場の小講堂に来場者が入り切らなかったことがあり、Teamsのビデオ会議機能を使って校内にサテライト会場を設けて説明会を実施することもできた。

図3 杉山教諭は、高等学校の情報課主任で、コンピュータ係を務める。ソフトテニス部の顧問でもある

こうした個々の事例はもちろんだが、Teamsを活用した授業に取り組むことで、授業スタイルそのものが着実に変わってきている。高田氏は、「Teamsを使ったら学力が上がったといった数値的な効果は、毎年生徒が異なることもあり、はっきりとは言えません。しかし、授業のスタイルが変わっていくことで上がる効果は大きいと感じています」と指摘する。

Teamsと電子黒板や生徒のタブレットPCを併用して授業を行うことで、「板書の時間をゼロにできる」。こうした時間配分の変化や、生徒に背中を向けて板書する時間をなくすことで、「生徒にスキを見せない」「生徒の背中を見られる」といった授業の進め方の変化が生まれている。

「TeamsなどのICTツールを活用することで、先生方が教室の前に立って、ああだこうだと1人でしゃべるような授業スタイルをどれだけ変えられるか。今までのツールには対応できなかった教員も巻き込み、どれだけ変われるかが、教育現場の今後の課題だと感じています」(高田氏)

コミュニケーションのハブツールとして、生徒と教員の間をつなぐ役割を果たすTeamsは、実はもう少し異なる側面でもコミュニケーションの活性化に役立っている。その一つが、ICTを使うことによる生徒の変化だ。「通常の授業では手を挙げられない子どもが、TeamsやOneNoteを使うとよく発言してくれるようになるケースが多くあります。それまで一言も発しなかった子どもが何かを発言してくれて、考えを聞くことができたら、それは大きなことです」(高田氏)。さらに自宅などの学外からもTeamsの会議に入れることから、学校に足が向かない子どもを支援することにもつながる。

図4 中学校の情報科・技術家庭科主任を務める高田教諭。入試広報部副部長・授業研究係、ゴルフ部顧問と多くの肩書を持つ

それだけでなく、生徒と一緒に成長していくという効果も上がっているようだ。杉山氏は、「ICTの使いこなしに長けた子どもも少なくありません。タブレットPCやTeamsは中学2年生から使うのですが、すぐに先生方よりも使い方がうまくなる子どももいます。教員が何かTeamsでしようとしたときに分からないことがあったら、生徒に尋ねたり、設定や操作をお願いしたりすることで、一緒に育っていくことができると感じています」と語る。

あくまでも一つの「教具」、無理に先に進むことはしない

2019年度には、タブレットPC所有の対象となる中学2年生から高校3年生までの全てに端末とTeamsが行き渡った。コミュニケーションのハブツールとして、多様な使い方が始まっている。

例えば、島根県隠岐郡の海士（あま）町立海士中学校との間で、Teamsを介して、高校入試に臨む海士中の生徒とビデオ会議でつなぎ、入試の応援をするイベントを開催した。ビデオ会議による会話の中で、自分たちの日常の当たり前なことが、相手には驚きに変わる。「学校や地域の隔たりを飛び越えたコミュニケーションが実現できています」（杉山氏）。国際協力機構（JICA）でラオスに赴いている教員ともビデオ会議を行い、現地の話を聞いたり、日本の絵本をラオス語にして贈ったりといった国際体験にもつながっている。もっと身近なところでは、授業中にほかの教科の教員に部分的に動画で参加してもらうといった使い方も進めている。高田氏は、「技術の授業で『矛盾』の説明をするときに、国語の先生にテレビ会議で矛盾の原義を説明してもらい、理解を深めることができました」という。

新型コロナウイルスの影響で登校が難しくなった2020年3月には、Teamsの「会議」を使って遠隔のオンライン課題の実施に取り組んだ。Formsで出席を取り、Teamsの会議で授業をする遠隔授業の実践である。

「興味がある授業をしているつもりでも、オンラインだと疲れたり飽きたりします。20分を上限として、授業の仕方に工夫をしています」(杉山氏)。

Teamsを日常から使いこなしていることが強みになり、非常時にもICTの使い方で困惑することはない。提供する授業そのものの工夫に力を入れられるのだ。

Teamsを縦横無尽に使いこなしている足立学園だが、この先どんどん利用を高度化させていくことはないと言い切る。「Teamsは教具の一つでしかありません。Teamsを使うためだけの授業はやめてもらい、あったら便利という形で使ってくださいと話しています。生徒に背中を見せず、ボタン一つで板書ができることで35%ほどの時間が短縮できます。その時間を教育のためにどのように使いますかと問いかけています」(高田氏)。

教具として使うTeamsだから、教員が皆一定のレベルで使いこなせることも重要だ。既に授業の板書から小テスト、教材の提供、成績の管理まで、Teamsが指導に関わる部分は多い。

「新任の先生方や産休補助の先生方などにも、すぐにTeamsを使っていただく必要があります。さらに高度な使い方を進めてしまうと、新任の先生方などにとってのハードルが高くなり過ぎます。あえてこの先の進化はストップさせて、教職員の誰もが教具として使いこなせるTeamsの活用を広めていくつもりです」(杉山氏)。

子どもたちにとって、学校に在籍している1年、そして日々の1日は、目の前の教員との関わりが全てになる。教員ごとにTeamsの使いこなしのレベルが大きく異なり、授業の内容や効果に不平等があってはならないとの考えだ。

足立学園の建学の精神は「質実剛健、有為敢闘」で、人のために何ができるかを考え、そのために最後まで頑張れる生徒を目指すという。Teamsを活用して授業スタイルを変革していく足立学園の取り組みは、教員にも「有為敢闘」を求め、新しい教具を使った教育の質の向上を目指しているといえそうだ。

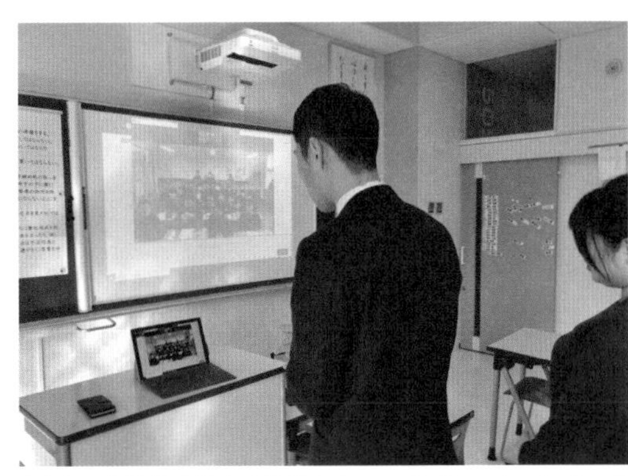

↑図5　島根県の海士中学校とTeamsでコミュニケーション。場所を超えた交流が、特別なハードウエアなどを使うことなくできることで、活用の幅が広がる

索引

岩元直久

ITジャーナリスト・ライター。日経BPでIT、ネットワーク、パソコン分野の雑誌、Web媒体の記者、デスクを歴任。フリーランスとして独立後は、ITを中心に、コンシューマー向けから企業向けまで多方面で取材・執筆を行う。

天野貴之

一般社団法人プロトレ理事。株式会社アイティトレーニング代表取締役。SI企業で汎用機、Windows NT開発プロジェクトに携わる。2000年からIT講師として活動。主に Microsoft TeamsやMicrosoft 365の研修を担当。

一般社団法人プロトレ

2007年9月、マイクロソフト認定トレーナーのコミュニティとして発足。現在はマイクロソフトの案件を中心に法人向け研修を設計・実施。講師派遣、講師育成など、ICT人材育成事業を担う。非常勤講師の登録者数は全国約60名。

日経パソコン

1983年10月創刊のパソコンとデジタル機器の総合情報誌。パソコンやスマートフォンなどを使いこなすための活用情報や最新ニュース、上達のためのスキルアップ情報などを提供。予約購読制で月2回、読者の元に直接届けられる。

Office 365 Teams即効活用ガイド

2020年4月22日　第1版第1刷発行
2021年3月25日　第1版第10刷発行

著　者　岩元直久
監　修　天野貴之(プロトレ)
編　集　露木久修(書籍編集2部)、鈴木 昭(日経パソコン)
発行者　中野 淳
発　行　日経BP
発　売　日経BPマーケティング
〒105-8308　東京都港区虎ノ門4-3-12

装　丁　小口翔平+加瀬 梓(tobufune)
本文デザイン　桑原 徹+櫻井克也(Kuwa Design)
制　作　Club Advance
印刷・製本　図書印刷株式会社

ISBN 978-4-296-10635-6

Printed in Japan

本書に関するお問い合わせ、ご連絡は下記にて承ります。
https://nkbp.jp/booksQA